HISTÓRIA BIZARRA DA
MATEMÁTICA

LUCIANA GALASTRI

HISTÓRIA BIZARRA DA MATEMÁTICA

LUCIANA GALASTRI

🌐 Planeta

Copyright © Luciana Galastri, 2020
Copyright © Editora Planeta do Brasil, 2020

Todos os direitos reservados.

Preparação: Marcelo Nardeli
Revisão: Diego Franco e Fernanda Guerriero Antunes
Revisão técnica: Marcelo Soares
Projeto gráfico: Desenho Editorial
Diagramação: Vivian Oliveira
Capa: Departamento de criação da Editora Planeta do Brasil
Ilustração de capa: Fernando Mena

DADOS INTERNACIONAIS DE CATALOGAÇÃO NA PUBLICAÇÃO (CIP)
ANGÉLICA ILACQUA CRB-8/7057

Galastri, Luciana
História bizarra da matemática / Luciana Galastri. -- São Paulo: Planeta do Brasil, 2020.
256 p.

ISBN: 978-85-422-1862-6

1. Matemática - História 2. Matemática – Curiosidades e miscelânea I. Título

19-2814   CDD 510.09

ÍNDICES PARA CATÁLOGO SISTEMÁTICO:
1. Matemática - História

2020
Todos os direitos desta edição reservados à
EDITORA PLANETA DO BRASIL LTDA.
Rua Bela Cintra, 986, 4º andar – Consolação
São Paulo – SP – 01415-002
www.planetadelivros.com.br
faleconosco@editoraplaneta.com.br

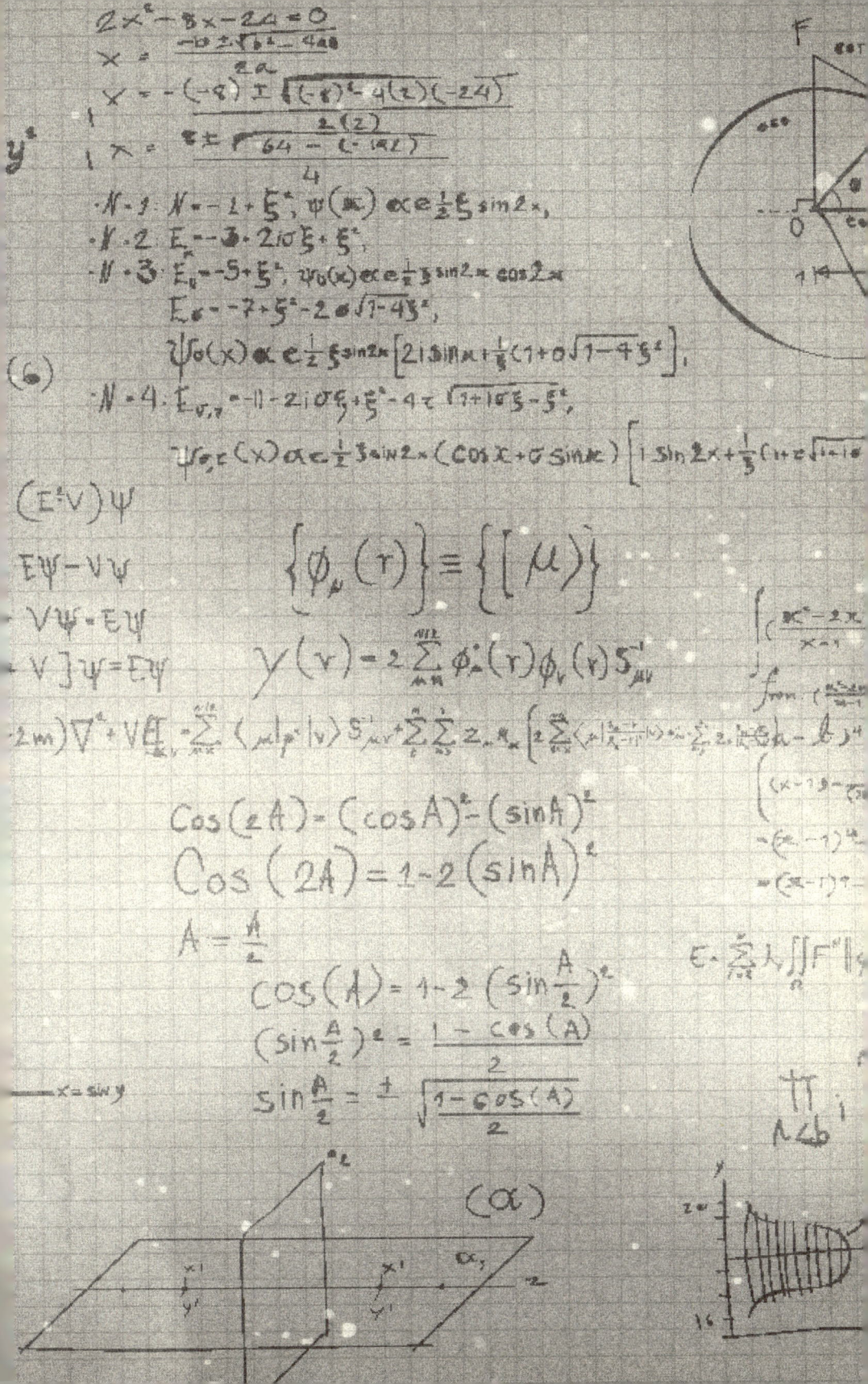

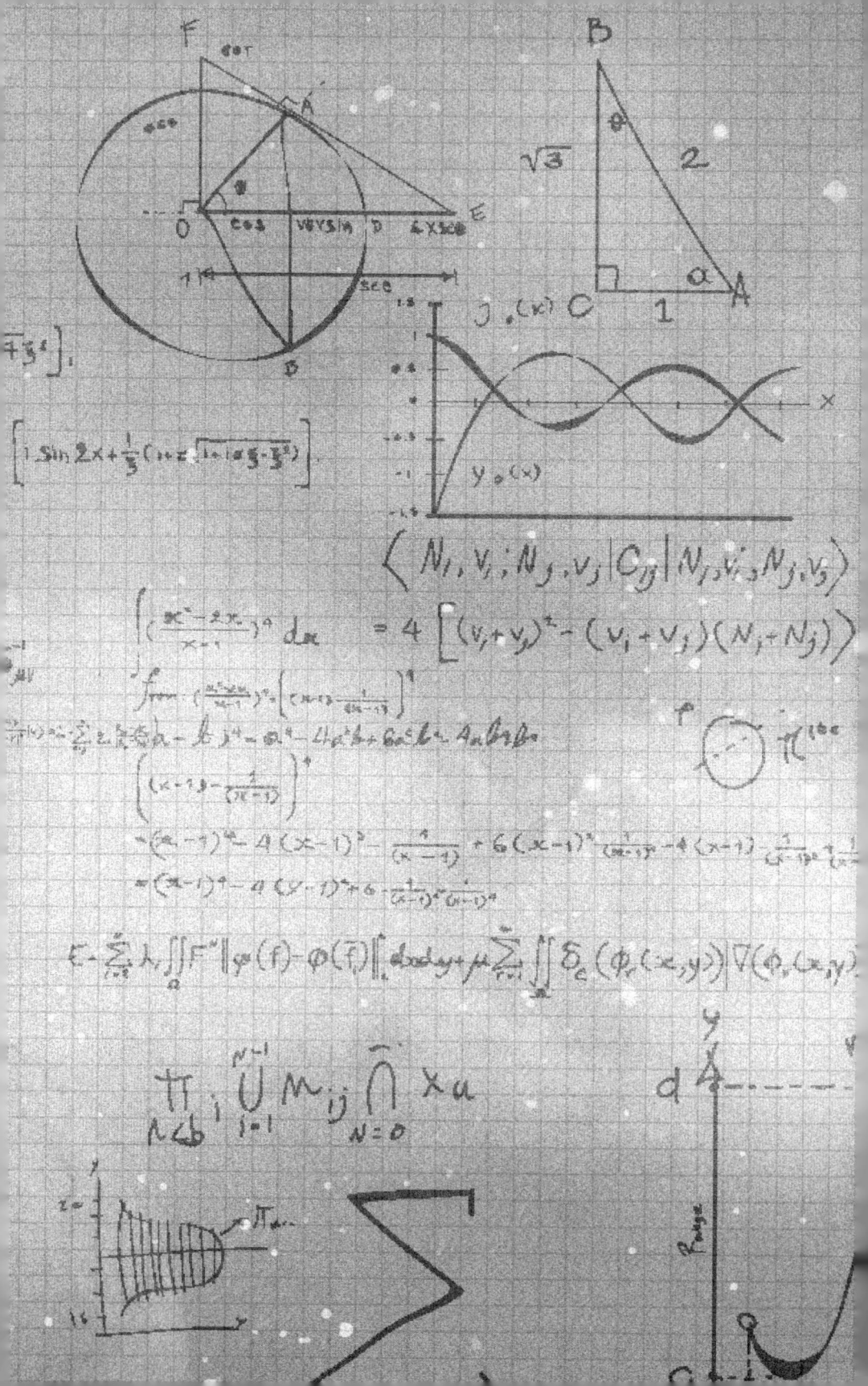

11	INTRODUÇÃO	POR QUE O LIVRO DE MATEMÁTICA PULOU DE UM PRÉDIO?

14 Parte 1 — O PRINCÍPIO: CACHORROS, OSSOS E MAMILOS

15	Capítulo 1.	Seu cão, o gênio da matemática
18	Capítulo 2.	Mamilos polêmicos
21	Capítulo 3.	Ossos horripilantes e dedos acusadores
27	Capítulo 4.	Calculando a hora da morte
31	Capítulo 5.	Números e um zero à esquerda
35	Capítulo 6.	O computador neolítico

38 Parte 2 — PELADÕES E MÚMIAS: QUEM COMEÇOU A USAR A MATEMÁTICA PARA ALÉM DO ÓBVIO

39	Capítulo 1.	Pirâmides e mortos-vivos
45	Capítulo 2.	O líder da seita que está nos seus livros
50	Capítulo 3.	Cabras amigáveis e números perfeitamente confusos
53	Capítulo 4.	Outros gregos cheios de problemas
56	Capítulo 5.	Rindo à toa de línguas decepadas
61	Capítulo 6.	Alexandria, cidade de bruxas e fantasmas
70	Capítulo 7.	*Eureka* é meu pi: quando um matemático correu pelas ruas peladão
75	Capítulo 8.	Nerd até a morte

80 Parte 3 — MORTES MEDONHAS NA IDADE DAS TREVAS

81	Capítulo 1.	Como o inocente 666 virou o número da besta
84	Capítulo 2.	Tartarugas mágicas e lágrimas na matemática oriental
88	Capítulo 3.	Crateras e restauradores de ossos
91	Capítulo 4.	Repolhos e o incesto mágico entre coelhos
96	Capítulo 5.	O papa e a cabeça de bronze
101	Capítulo 6.	Vai um pouco de Bacon aí?

104 Parte 4 — O RENASCIMENTO DA MATEMÁTICA NA ERA MODERNA

105	Capítulo 1.	O cara que mudou o mundo de lugar
109	Capítulo 2.	O gago, o charlatão e o pupilo: a novela italiana das equações
114	Capítulo 3.	O cara que achou que poderia falar com anjos por meio dos números
119	Capítulo 4.	O mestre que morreu de tanto segurar o xixi – e o discípulo acusado de matá-lo

129	Capítulo 5.	O gênio que perdeu a cabeça, literalmente
133	Capítulo 6.	Ossos, anticristo e logaritmos
136	Capítulo 7.	Como Galileu desafiou pombos e a Igreja
142	Capítulo 8.	Calculando o seu azar
146	Capítulo 9.	Não provoque Newton, ele pode esfregar seu nariz em uma igreja
157	Capítulo 10.	O ciclope *workaholic*
160	Capítulo 11.	O demônio e suas chances de ganhar na loteria
163	Capítulo 12.	O príncipe da matemática
167	Capítulo 13.	Que tiro foi esse?

172 Parte 5 — CONFUSÃO INFINITA NA ERA CONTEMPORÂNEA

173	Capítulo 1.	A condessa da computação
177	Capítulo 2.	A gênia da lâmpada e a estatística
181	Capítulo 3.	Rosquinhas deliciosamente confusas
185	Capítulo 4.	O pai do infinito
189	Capítulo 5.	Boole-nando a álgebra
192	Capítulo 6.	A fórmula que mede a nossa evolução
195	Capítulo 7.	O cérebro mais famoso da história foi roubado e fatiado
206	Capítulo 8.	O horrível fim de um dos maiores heróis da matemática
214	Capítulo 9.	A máquina que convertia café em teoremas

218 Parte 6 — ALIENÍGENAS E CAOS NOS DIAS DE HOJE

219	Capítulo 1.	Enrolados na teoria das cordas
226	Capítulo 2.	A borboleta do efeito e o chimpanzé de Murphy
231	Capítulo 3.	O demônio dentro de um floco de neve
233	Capítulo 4.	O Unabomber
239	Capítulo 5.	Como achar amor ou *aliens* usando matemática
246	Capítulo 6.	O mundo é matemática

251 AGRADECIMENTOS

253 REFERÊNCIAS BIBLIOGRÁFICAS

INTRODUÇÃO – POR QUE O LIVRO DE MATEMÁTICA PULOU DE UM PRÉDIO?

Uma tarde eu estava na casa do meu avô e ele resolveu contar uma piada de um daqueles almanaques de farmácia que eram comuns até uns anos atrás. Você sabe, dicas de dietas, uma tabela com as frutas da época, anúncios de desconto e, claro, a seção mais popular: charadas e trocadilhos. Pois bem, eis que meu avô, do alto de seus 90 e tantos anos, lê o seguinte enunciado: "Por que o livro de matemática pulou de um prédio?". Ele mesmo respondeu, sem pestanejar: "Porque ele estava cheio de problemas".

Eu gostaria de poder dizer que este não é "aquele" tipo de livro de matemática, o livro que resolveu dar fim ao próprio sofrimento por estar recheado de enigmas complexos feitos para atormentar a mente humana – principalmente a de estudantes. Posso garantir que este livro não é nada parecido com as apostilas da escola. Mas se eu disser que você não vai encontrar coisas que fazem sua cabeça girar e a mente gritar em silêncio (você certamente já ouviu esse som durante as aulas de Matemática), eu estaria sendo desonesta.

Matemática não é uma coisa simples. Lá nos idos de 400 d.C., Agostinho de Hipona (354-430 d.C.), que hoje conhecemos como Santo Agostinho, suspeitava que os astrólogos de sua época, que se utilizavam da matemática, haviam feito um pacto com o diabo para "confundir o espírito e confinar os homens nos limites do inferno". Quem já teve uma aula de Trigonometria certamente entenderá do que ele estava falando.

Talvez a matemática nem exista. Você já pensou que números não passam de convenções adotadas para que o ser humano consiga traduzir o Universo de forma mais lógica? Ao contrário do que muitos professores nos fazem acreditar, com fórmulas, nomes estranhos e conceitos nada flexíveis, a matemática não surgiu pronta. E está longe de ser perfeita e imutável. Ao mesmo tempo em que estudamos ideias que foram criadas pelos gregos há 4 mil anos, mais de 1 milhão de páginas de pesquisas matemáticas são publicadas todos os anos. São conceitos novos, não a matemática de Pitágoras, Aristóteles ou até mesmo de figurões mais "modernos", como Newton ou Einstein.

Ao se distanciar da perfeição, a matemática se torna, talvez, algo mais próximo de nós, mais humana. E, para aqueles que insistem em dividir o mundo e as pessoas entre "de exatas" e "de humanas", a matemática se torna mais "de humanas" mesmo.

Você verá que aqueles conceitos estudados na escola não caíram como uma maçã na cabeça de um cara sem sorte (foi mal, Newton!), fazendo, por milagre, seu cérebro entender as leis que regem o mundo. Esses conceitos surgiram por conta das vidas e experiências de caras que tinham medo de feijão, pessoas destemidas que esfregavam o nariz dos inimigos em paredes de igrejas e por fanfarrões que amavam jogos de azar e entravam em duelos épicos de espadas.

Pode parecer papo de nerd empolgado, mas eu prometo que geometria, cálculo, algoritmos, probabilidade e toda essa turma tornam-se muito mais fascinantes quando descobrimos a humanidade por trás deles. Não posso garantir que, depois da leitura deste livro, aquele desespero diante de um problema vai desaparecer, ou que você não vai mais ouvir o silencioso grito da sua mente. Mas talvez você entre para o seleto grupo daqueles que ouvem o grito, reconhecem sua legitimidade e seguem em frente.

A matemática foi feita por aqueles que não apenas encaram o dilema, mas aprendem a gostar da sensação de enfrentar o desafio de solucioná-lo.

É esse tipo de gente (e essa sensação) que você vai encontrar nas próximas páginas. A proposta não é contar a extensa história da matemática, pois seria o equivalente a narrar a história da humanidade. Talvez você note a ausência de alguns dos grandes nomes e marcos da matemática, que ficaram de fora para dar lugar a aspectos mais curiosos dessa grande ciência cruelmente exata e perversamente humana.

Antes de tratar de humanidade, precisamos falar dos nossos melhores amigos: os cachorros. Acredite em mim: apesar de o *poodle* sujo da vizinha não parecer muito formidável quando coça o bumbum no carpete, ele tem seus méritos.

Parte 1

O PRINCÍPIO: CACHORROS, OSSOS E MAMILOS

Como os humanos transformaram a noção de matematicidade na linguagem matemática

♠ CAPÍTULO 1 ♠
Seu cão, o gênio da matemática

Pense no seguinte cenário: você está na sala de aula, sentado na mesma posição há duas horas. É o último horário de uma manhã de sexta-feira. O tempo parece se arrastar. Cada vez que você olha para o relógio, com a sensação de que cinco horas se passaram, percebe que só cinco minutos ficaram para trás desde sua última olhadela. O professor, com voz de quem também não queria estar naquela sala, passa no quadro inúmeras fórmulas de geometria, e tudo o que sai da boca dele soa como grego aos seus ouvidos. Nada parece fazer sentido: triângulos, ângulos retos, agudos, consoantes em circunflexo, cálculos de diagonal...

E se eu te contasse que você, de certa forma, já conhece essa matéria? Você pode não acreditar, mas ela já está no seu cérebro, não tão bem codificada por símbolos. Digo mais: sabe quem saca de cálculo? Seu cachorro.

Pode não parecer, mas o cachorro revela ser uma criatura especialmente genial quando você finge que joga uma bolinha e ele sai correndo empolgadão para buscá-la.

Um belo dia, Tim Pennings, um professor de Matemática do Hope College (Michigan, Estados Unidos), saiu para passear com seu corgi, Elvis, em um parque perto de sua casa. Apesar de ser da mesma raça dos cachorros da rainha Elizabeth II, Elvis é um cachorro comum. Enquanto jogava a bolinha no meio do lago do parque, Tim percebeu que o animal se comportava de uma maneira estranha. Se a bolinha fosse arremessada verticalmente, Elvis seguia a mesma trajetória do objeto, mergulhava no lago e buscava o brinquedo. Mas se a bola fosse lançada na diagonal, o cachorro não acompanhava o percurso: Elvis corria em linha reta, pela orla do lago, antes de mergulhar em um ponto mais adiante.

Se você tem um cachorro e uma piscina ou um lago à disposição, pode fazer o teste para comprovar.

Mas o que a corrida do cachorro tem a ver com geometria? Sendo um matemático, Tim percebeu que o trajeto que seu corgi adotava era similar a um problema de cálculo de diferencial que ele ensinava na universidade. E Elvis estava acertando, ao contrário de muitos alunos cabeçudos. Ao correr pela beira do lago antes de mergulhar em um ponto exato, o cachorro conseguia fazer o trajeto mais rapidamente, sem hesitar. Afinal, com aquelas patinhas curtas típicas de sua raça, ele consegue correr muito mais rápido do que nadar.

Leve esse problema a um aluno universitário de Matemática e Engenharia e ele usará noções de cálculo inventadas por Newton e Leibniz para resolvê-lo. Então, como o cachorro já sabe a resposta?

Antes que você tente dar o seu dever de casa para seu cão (e tenha que usar a clássica desculpa de que o cachorro comeu a tarefa), ressaltamos que Elvis não sabe calcular. O que Tim concluiu é que, por meio da evolução das espécies, os cachorros (e outros animais, inclusive os seres humanos) desenvolveram a habilidade de avaliação inata, já que o melhor predador tem maior vantagem sobre os demais. E o melhor predador é aquele que encontra a presa (ou a bolinha) mais depressa.

E os gatos? Se você encontrar um que tope buscar e trazer a bolinha de volta, você pode perguntar a ele. Quando tentei isso com a minha gata, que é a verdadeira dona da minha casa, ela apenas me encarou com desprezo. Talvez ela seja mais esperta do que os cães, ou do que os humanos que fazem bizarrices incompreensíveis, como jogar uma bolinha longe para ser apanhada.

Além dos bichos de estimação fofinhos, outros animais parecem ter uma noção matemática. Por exemplo, a formiga *Cataglyphis fortis*, que habita o deserto do Saara e precisa andar longas distâncias para encontrar comida. Imagine, então, que você é uma pequena formiga no meio de um grande deserto e anda 50 metros para longe de seu formigueiro, que é acessado por um buraco milimétrico no meio da areia. Não sei vocês, mas eu, que às vezes perco o carro no estacionamento do shopping, certamente ficaria perdida.

Cientistas descobriram que, para retornar em segurança ao formigueiro, as formigas contam os passos e calculam a distância exata que percorreram desde sua saída. Eles modificaram as patinhas de algumas pobres formigas assim que elas retornavam ao formigueiro. Algumas receberam próteses para deixar suas patas mais longas, outras eram amputadas e ficavam com as patas mais curtas. Então, elas eram liberadas para voltar para o formigueiro. As "pernudas" invariavelmente passavam a entrada do buraco, e as amputadas ficavam pelo meio do caminho. No entanto, se os pesquisadores capturassem as formiguinhas no início da jornada, e não no meio, e elas saíssem do formigueiro com o tamanho de pernas alteradas, elas voltariam em segurança. Ou seja, modificando-se o tamanho das patas das formigas, muda-se a quantidade de passos do trajeto.

Isso não significa que os bichos pensem: *Certo, andei 2.435 passos até aqui, então preciso andar 2.435 passos de volta para casa.* É muito claro para os cientistas que os seres humanos, apesar de não serem a única espécie com alguma noção de matematicidade, são as únicas criaturas na Terra capazes de usar a matemática como linguagem. Somos os únicos capazes de falar sobre números, dar nomes a eles e estabelecer relações lógicas básicas e complexas entre esses conceitos. Essa linguagem é a matemática.

♠ CAPÍTULO 2 ♠
Mamilos polêmicos

Assim como os cachorros e as formigas, o ser humano também tem uma habilidade inata de calcular. Infelizmente, isso não significa que você nasce sabendo o que é um polinômio. Mas cientistas já provaram que, com poucos meses de vida, bebês têm uma noção básica de matemática – e essa história passa por teatro de fantoches, números e mamilos.

Em seu livro *O instinto matemático*, Keith Devlin cita a pesquisa de uma psicóloga norte-americana chamada Karen Wynn. O estudo publicado por ela prova que bebês de 4 meses são capazes de fazer operações de soma e subtração. Isso não quer dizer que os bebês entendam os símbolos que nós, por convenção, adotamos para representar os números. Tampouco que eles tenham consciência de que um número representa uma quantidade. Eles ainda não "falam" matemática, mas Karen descobriu que bebês de 4 meses conseguem entender a diferença entre um objeto, dois objetos e mais de dois objetos. Eles sabem que a soma de um objeto com outro resulta em dois objetos, e não um ou três. E também sabem que, se você tiver dois objetos e tirar um deles, sobra apenas um.

A pesquisa espantou a comunidade científica. Afinal, como Karen descobriu que bebês tinham essa noção, sendo que eles não conseguem falar nem explicar o que estão pensando?

Se você quiser, pode fazer esse experimento com um bebê. Quando ele fica surpreso com alguma coisa, ele observa essa coisa com mais atenção e por mais tempo. Se você mostrar um boneco verde para o bebê todos os dias e aparecer com um boneco vermelho depois de uma semana, ele ficará surpreso e prestará mais atenção ao boneco vermelho. Desse modo, Karen colocou os bebês participantes do estudo em frente a um teatro de fantoches e, com uma câmera escondida, filmou a reação dos pequenos. Ela, então, apresentou um boneco. Depois de um tempo, escondeu esse boneco e colocou o segundo. Em seguida, fez os dois bonecos aparecerem ao mesmo tempo. Ela repetiu essa ação várias vezes, sempre com a câmera registrando a reação das crianças. No entanto, às vezes, Karen fazia algumas mudanças na aparição dos bonecos: ora ela mostrava um boneco, depois o outro, e, então, só um aparecia no final; ora ela mostrava o primeiro e o segundo boneco, mas, na hora em que os dois deveriam aparecer juntos, um terceiro boneco surgia.

Sempre que um boneco faltava ou que um boneco extra aparecia, o bebê encarava o teatro por mais tempo. De acordo com a pesquisadora, isso significa que ele sabia que a operação estava errada. Afinal, se ele viu primeiro um boneco e depois outro, o mais lógico era surgirem dois bonecos no fim, e não um ou três.

Você pode argumentar que isso não significa que bebês saibam contar, que eles só demonstram surpresa pela mudança no tamanho do conjunto, ou pela forma diferente que os objetos que eles estavam acostumados a ver eram colocados no palco. Um psicólogo francês chamado Etienne Koechlin resolveu, então, reproduzir a experiência, mas com bonecos colocados sobre uma plataforma giratória atrás do palco. Desse modo, os brinquedos se movimentariam constantemente, os bebês não teriam uma imagem fixa do que o palco deveria parecer e, o mais importante, não conseguiriam prever onde os bonecos apareceriam. O resultado foi o mesmo do estudo de Karen: quando a operação aritmética estava errada – quando a soma 1 + 1 resultava em 1 ou 3 – os bebês ficavam confusos e encaravam o cenário por mais tempo.

Vários outros cientistas reproduziram o estudo com algumas variações – e todos chegaram ao mesmo resultado. Contudo, há um limite para o conhecimento matemático dos bebês: a conclusão é que eles conseguem diferenciar conjuntos de um, dois e três objetos, mas não mais do que isso. A partir do número 3, tudo vira a mesma coisa (vamos falar mais sobre a mágica do número 3 mais adiante).

Ranka Bijeljac, psicóloga também francesa, mostrou que bebês não atribuem valores somente ao que eles veem, mas também ao que escutam. Para testar sua hipótese, Ranka desenvolveu uma estratégia diferente para monitorar a atenção dos pequenos: deu a eles um mamilo artificial para que eles sugassem. O mamilo era conectado a um dispositivo sensível à pressão que media a intensidade da sucção. Quando o bebê ficava surpreso, ele sugava o mamilo falso com mais intensidade. Quando ele não estava interessado, a força era menor. Esse sensor também gerava ruídos quando acontecia a sucção (palavras de duas ou três sílabas, todas sem sentido, como "zaba" ou "molela"). O bebê começava a sugar o mamilo falso, notava que isso produzia um som e então puxava com mais força, porque percebia que aquilo produzia mais barulho. Inicialmente, eram usadas sempre palavras com o mesmo número de sílabas. Depois, o interesse pela novidade passava e o bebê sugava com menos força. O computador então enviava palavras com um número diferente de sílabas, e o bebê voltava a sugar o mamilo com mais intensidade. Com o tempo, o interesse acabava novamente. Mas bastava o computador trocar o número de sílabas que o interesse voltava. Como as palavras variavam e não tinham sentido algum, a única mudança constante era a quantidade de sílabas.

Outros experimentos aliaram essas duas pesquisas e associaram o som à percepção visual, concluindo que o bebê demonstra surpresa quando um som em sequência não corresponde à quantidade de objetos na frente dele. Por exemplo, a criança não acha excepcional aparecerem dois bonecos na sua frente e, logo depois, soarem duas batidas em um tambor. Mas ela demonstra estranheza se a aparição de dois bonecos é seguida por apenas uma ou três batidas.

Isso significa que os seres humanos nascem sabendo um pouco de matemática, de maneira definitivamente superior a outros animais? A partir de que ponto nos tornamos, se não fluentes, funcionais nessa linguagem? Pesquisadores ainda debatem o assunto, mas uma coisa é certa: assim como a matemática está presente nos nossos primeiros anos de vida, ela também esteve no início do desenvolvimento da sociedade.

♠ CAPÍTULO 3 ♠
Ossos horripilantes e dedos acusadores

Desde seu princípio, a matemática já dava sinais de que seria absolutamente assustadora. Um dos primeiros registros que temos de seres humanos fazendo contas, afinal, é um osso encardido. O "osso de Lebombo" é uma fíbula de um primata datada de 40 a 35 mil anos a.C., encontrada nas montanhas da Suazilândia, na África. O que torna essa peça tão fascinante são 29 pequenas marcas regulares em sua extensão.

Não é o osso marcado mais velho de que se tem notícia, mas a quantidade de marcas regulares em sua superfície sugere que ele não tenha sido usado para decoração, como artefatos mais antigos. As 29 marcas indicam um propósito prático: um calendário lunar, que contabiliza as noites até o fim do ciclo das fases da lua. Basicamente, o mesmo cálculo que fazemos para estabelecer um mês inteiro.

Por que um de nossos ancestrais, que ainda não tinha conhecimento sobre agricultura e as fases da natureza, se daria ao trabalho de manter um calendário mensal? Se levarmos em consideração as necessidades mais básicas do corpo, o ciclo lunar coincide com o ciclo menstrual feminino. Ou seja, é possível que os primeiros processos de contagem de que se tem notícia sejam de uma mulher africana tentando descobrir quando seu fluxo desceria novamente.

Outro osso, datado de 18 mil anos a.C., é bastante citado como prova de que nossos ancestrais já contavam. O "osso de Ishango" foi descoberto no Congo por um geólogo belga chamado Jean de Braucourt em 1960. Inicialmente, pesquisadores achavam que se tratava de uma ferramenta para bater usada por uma grande tribo que vivia no local. Mas os padrões do objeto eram surpreendentes: de um lado havia um grupo de três marcas seguido por seis marcas; depois, quatro marcas seguidas por oito. Seria um indício de multiplicação? Em outra parte do osso estavam marcados todos os números primos de 1 a 20. Outra coluna apresentava apenas sequências de marcas ímpares.

É claro que os "homens das cavernas" não acordaram um belo dia e resolveram fazer contas riscando ossos. Por esse motivo, pesquisadores concordam que a quantificação a partir da noção do próprio corpo e da busca pela sobrevivência certamente está na origem do pensamento matemático.

Assim como nas pesquisas com bebês citadas anteriormente, tudo começa com a observação de contrastes. Vamos supor que um "homem das cavernas" precisa alimentar sua família e nota dois bisões pastando, dando sopa. Contudo, se for atrás de um, certamente espantará o outro, tornando impossível a captura dos dois ao mesmo tempo. Ele também percebe que um bisão é visivelmente maior que o outro. Não é preciso ser um gênio da matemática (e nossos ancestrais certamente não eram) para sacar que é mais vantajoso ir atrás do animal maior, afinal, ele garantiria mais carne.

Surge, então, um conceito matemático importante: o da quantidade. Contar um, dois, três bisões é uma das primeiras operações matemáticas feitas pelos nossos ancestrais, uma das mais básicas e mais importantes, mesmo sem haver termos específicos para a quantidade "um" ou "dois". No entanto, eles sabiam o que representava mais e menos.

Com o auxílio dos pobres bisões que vão virar o almoço de domingo, também é possível estabelecer outro conceito básico de extrema importância: grupos. Hominídeos conseguiam ver a semelhança entre os animais e distinguir que eles eram da mesma categoria, ainda que houvesse diferença de tamanho. A ideia de semelhança é o início do que hoje conhecemos como número.

Mas aí surge uma pegadinha: os matemáticos pré-históricos não conseguiam contar mais do que 3 (assim como os bebês do capítulo anterior). Como os cientistas sabem disso? Não se assuste: eles usaram a gramática para analisar a matemática.

Nossos idiomas evoluíram muito ao longo dos séculos, mas há bases nas línguas latinas, no grego e nos idiomas anglo-germânicos que não são "rastreáveis", pois perderam-se no tempo. A palavra falada é muito mais antiga do que a escrita, e uma das bases desses idiomas é ensinada na escola: as três pessoas gramaticais; a primeira pessoa (eu), a segunda (tu) e a terceira (eles/elas). Por que não há "pessoas específicas" que indiquem grupos de três pessoas, quatro pessoas e assim por diante? Pesquisadores argumentam que isso é uma herança da limitação de nossos ancestrais nas operações matemáticas. Tudo era classificado entre um, dois e muitos.

Parece uma viagem muito grande para você? Vamos dar uma voltinha pela cultura dos pirarrãs, uma tribo indígena brasileira que, até hoje, tem palavras apenas para descrever os números 1, 2 ou "muitos". Cientistas fizeram testes com essa tribo pedindo aos membros que categorizassem objetos em grupos de um, dois, três ou mais. Apesar de descreverem perfeitamente os três primeiros, na hora de especificar maiores quantidades, os pirarrãs não conseguiam encontrar correspondências. Há pesquisadores que usam esse tipo de pesquisa como prova do determinismo linguístico: não podemos pensar em coisas que não temos palavras para descrever.

Você pode até tentar usar esse argumento como desculpa para explicar a seu professor uma nota ruim (inclusive, falar que essa é uma ideia de Aristóteles), mas não é garantido que vá funcionar. Se você acha estranho falar de Aristóteles enquanto ainda estamos discutindo a Pré-História, aí vai uma lição "na faixa": ele é considerado um dos primeiros historiadores e sua pesquisa sobre os ancestrais da espécie humana é referência até hoje.

Ao analisar nossas origens e as origens da matemática, Aristóteles percebeu que o sistema no qual baseamos nossos cálculos, o sistema decimal, deriva de um fator absolutamente físico: nós temos dez dedos na mão. Assim que os primeiros primatas se tornaram bípedes, deixaram os membros superiores livres. Isso significa que, além de terem conseguido segurar armas, jogar pedras e criar instrumentos mais sofisticados, nossos ancestrais passaram a fazer contas com os dedos. A partir do conceito de similaridade e de grupo, eles atribuíam um valor para cada dígito (aliás, a palavra *dígito* vem de digital, que vem de... isso mesmo, dos seus dedinhos!). Digamos que cada dedo represente um bisão. É possível contar nos dedos quantos bisões foram vistos durante a caçada e relatar a quantidade precisa para o resto da tribo. Se fossem mais de dez bisões, usavam-se os dedos dos pés. Ainda assim era um sistema decimal, com dois grupos de 10.

Com os dedos, a lógica do 1, 2 ou muitos foi se sofisticando. E se fosse um rebanho com muitos bisões? As espécies ancestrais passaram a usar pedras empilhadas, mas atribuíam um valor simbólico para cada rocha. Por exemplo, em vez de empilhar uma pedra para cada bisão, eles passaram a empilhar uma pedra para cada mão. Ou seja, uma pedra a cada 5 animais. Ou uma pedra maior para cada 10.

Como é possível saber que essa era a lógica utilizada, sendo que pedras empilhadas há mais de 30 mil anos dificilmente permaneceriam empilhadas até hoje? Pesquisadores contemporâneos analisaram tribos nativas americanas e descobriram que um terço delas usava o sistema decimal de cálculo. Outro terço usava um sistema baseado no número 5 (ou seja, apenas uma mão). Já a outra parte usava um sistema binário (ou 1 ou muitos) ou terciário (1, 2 e muitos).

Uma hora, empilhar pedras tornou-se pouco prático, mas o conceito que daria base aos números continuou evoluindo. Afinal, não é necessário um objeto para representar um bisão: pode-se fazer uma marca para representá-lo. Essa marca também pode representar outros animais, árvores ou membros da tribo. E pode ser feita na parede da caverna. Ou, se for necessário algo mais portátil, quem sabe um osso com várias marcas? Parece familiar? Em latim, idioma dos romanos famosos pelos algarismos I, II, III etc., "contar" é *ratio putare*. Calma, não é uma ofensa! Razão vem de *ratio*, como a relação entre algo e outra coisa. E *putare* significa "cortar". Ou seja, *ratio putare* quer dizer a relação entre os cortes, as marcas feitas para simbolizar quantidades.

Ossos de alguns milhares de anos após o de Lebombo, como o osso de Ishango, mostram grupos mais claros de riscos, sugerindo uma lógica mais sofisticada. Outro objeto desse tipo, chamado "osso de lobo" (por ser proveniente do animal), foi encontrado na Tchecoslováquia marcado com 55 riscos, agrupados em duas séries (de 25 e 30 riscos) em blocos de cinco. Mais um ponto para o sistema decimal.

No entanto, pesquisas indicam que nem todas as civilizações evoluíram com uma base decimal. Os celtas, por exemplo, usavam uma base vigesimal (temos 20 dedos, afinal), conforme indica o idioma francês. Nesse idioma, não se diz "oitenta", mas "quatro vintes", ou *quatre--vingts* (4 vezes 20). Contudo, essa conta não funcionava muito bem para números superiores a 1.000, uma vez que o vocabulário e a multiplicação tornavam-se muito complexos.

Outro exemplo são variações da contagem nos dedos em civilizações modernas. No fim do século XIX, uma expedição da Sociedade Antropológica de Cambridge visitou tribos nativas e muito isoladas na Nova Guiné e na Austrália, as quais usavam um sistema diferente de contagem incluindo o corpo todo. Começando pela mão direita, o primeiro dedo a ser contabilizado era o mindinho. Ao chegar no dedo de número 5, não se pulava para a outra mão, mas para o pulso da mão direita, que representava o número 6. O número 7 era o cotovelo, o 8 o ombro, o 9 o pescoço e, assim, a contagem dava a volta no corpo todo até terminar no número 33, no mindinho do pé direito. E esse sistema não funcionava apenas para contar. Digamos que um membro dessas tribos tentasse avisar que viu 7 pessoas chegando. Ele apontaria diretamente para o cotovelo direito, certo? Errado, pois se trata de uma adição: 1 dedo mais 1 pulso é igual a 1 cotovelo, ou seja, 8.

Falando em partes do corpo, você já se perguntou por que 1 minuto tem 60 segundos e por que 1 hora tem 60 minutos? A pergunta parece não fazer sentido, mas aguarde um momento que você vai entender. Bem, todo o nosso sistema numérico é decimal, baseado nos dedos das mãos. Se voltarmos para as primeiras culturas que deixaram de ser caçadoras-coletoras e se estabeleceram em cidades onde passaram a desenvolver a agropecuária, teremos uma surpresa vinda dos sumérios, uma antiga civilização da Mesopotâmia. Uma das hipóteses mais aceitas é que eles aprenderam a contar com os dedos, mas de uma maneira bem diferente da que estamos acostumados. Em vez de contar um dedo como uma unidade, eles contavam falanges. Na mão direita, usavam o polegar para tocar cada uma das falanges dos outros dedos, totalizando 12 (e deixando o dedão "contador" de fora). Na mão esquerda, os cinco dedos representam uma dúzia cada, totalizando 60.

Mas como esse método veio parar em nossos relógios digitais? Astrônomos da Babilônia, por volta de 2000 a.C., adotaram esse sistema para suas contas, dividindo um círculo em 360 graus e fazendo a conversão dessa lógica para relógios de sol circulares. Essa lógica passou por gerações de cientistas até chegar aos minutos marcados com precisão em seu *smartphone*. O mais surpreendente é que esses números já eram gravados em tábuas de argila de acordo com um sistema posicional parecido com o que temos hoje. Por exemplo, os babilônios saberiam dizer a diferença entre uma mensagem que falava em 7 bois e uma que falava em 70, noção muito importante para o comércio. No entanto, eles ainda não tinham o conceito ou um símbolo para o zero.

♠ CAPÍTULO 4 ♠
Calculando a hora da morte

Já vimos que nossos ancestrais tinham uma noção de quantidade. Eles conseguiam relacionar 2 bisões com 2 dedos levantados. Mas quando surgiu a noção de que *dois* é um número, independentemente de bisões, dedos ou outras partes do corpo? Como teve início a contagem de alfaces, trigo, brócolis ou seja lá o que mais os antigos mesopotâmios começaram a cultivar há 11 mil anos, na chamada "revolução agrícola"?

Historiadores afirmam que foi nessa época que os seres humanos deixaram de ser nômades e passaram a se estabelecer em locais onde cultivavam a terra e criavam animais. Ao se organizar socialmente em torno da comida, os indivíduos foram obrigados a fazer contas: precisavam saber quanto produzir para alimentar as aldeias, contar dias e meses para estabelecer a época do plantio, das chuvas e da colheita.

Quanto mais sofisticada se tornava a noção matemática desses grupos, mais prosperavam suas sociedades. Nessa mesma época, a produção de cerâmica e tecidos se tornou sistematizada, o que fez surgir o comércio. Mesmo antes das moedas, era atribuído *valor* a itens diversos. Uma camisa poderia valer 2 sacos de trigo, por exemplo. Com esse sistema de trocas, é natural que o cálculo prosperasse, mesmo que ainda não envolvesse a noção de dinheiro.

Outro importante avanço científico-matemático foi o estabelecimento de calendários que ajudaram a prever estações climáticas, as épocas de chuva e as melhores temporadas de plantio. Por volta de 2350 a.C., Stonehenge começou a ser construída, no Reino Unido. Pesquisadores consideram que o círculo de pedras tinha um propósito muito além do místico, podendo ser considerado um computador primitivo, capaz de indicar as alterações nas estações.

Um dos primeiros calendários de que se tem registro surgiu em 4500 a.C., desenvolvido por povos pré-sumérios. Apesar de haver poucos dados sobre sua divisão, certamente era bem diferente do calendário gregoriano utilizado hoje, desenvolvido milênios depois pelos romanos.

Por meio da transmissão desses conhecimentos entre as gerações, os sumérios conseguiram desenvolver um sistema de marcações em placas de barro para fazer contas. Logo, esse sistema evoluiu para comportar informações mais complexas do que apenas quantidades: a escrita cuneiforme, a primeira forma documentada de escrita de que se tem conhecimento, por volta de 3500 a.C. Ou seja, os registros de contabilidade precederam os dos relatos de acontecimentos históricos.

Assim como boa parte do nosso dia gira em torno das refeições, o desenvolvimento da matemática e da ciência ocorreu pela necessidade mais humana de todas: a alimentação. Nada é tão eficaz para desenvolver conhecimento quanto a necessidade de encher a barriga. De agora em diante, toda vez que você for comer sua saladinha, vai olhar para ela de forma diferente: ou agradecendo pela sociedade avançada em que vivemos ou chateado com as aulas de Matemática que aquela alface proporcionou a você.

Mas antes de você fazer uma pausa para um lanchinho, existe uma história sobre calendários capaz de revirar seu estômago. Pelos idos de 3000 a.C., o povo inca desenvolveu um método de cálculo curioso: os quipus, uma série de fios amarrados cujos nós indicavam cálculos complexos. Os conjuntos mais simples tinham três fios, mas já foram encontrados quipus com até 1.000 cordas. Por serem mais leves e portáteis do que pedras, os quipus podiam ser transportados mais facilmente até o imperador inca, que ficava em Cuzco.

Os incas não tinham um sistema de escrita, mas os quipus usavam tipos de nós, posições, cores de cordas e outros códigos para representar objetos reais. Descobriram-se quipus que mostravam rebanhos, os objetos de uma pessoa e até padrões de danças típicas. Os padrões de cores e nós significavam a mesma coisa em todas as regiões do império. Isso é fascinante, e mostra que a escrita não era necessária para fazer matemática.

Talvez um dos usos mais medonhos para os quipus seja a "calculadora da morte". Os incas tinham um calendário complexo de sacrifícios humanos realizados para agradar os deuses. Para chegar ao melhor período para aquele banho de sangue, sempre em concordância com fenômenos da natureza e mudanças de estações (encarados como intervenções divinas), os incas usavam os quipus, que também indicavam para que se tratava o sacrifício e até o local onde ele seria feito.

Infelizmente, a maioria dos quipus, uma rica fonte de informação sobre a cultura inca, foi destruída pelos espanhóis, que acreditavam que as cordas eram "obra do diabo". Hoje, restam apenas cerca de 600 quipus.

De volta ao outro lado do Atlântico, o pessoal preferia "escrever" números a dar nós. Os primeiros registros de contas humanas mostram que atribuir marcas verticais a quantidades sempre foi intuitivo: "I" representava 1, "II" representava 2, e assim por diante. Mas escrever quantidades maiores como 237 em risquinhos verticais não é nada prático e pode levar a erros bastante justificáveis, afinal, contar 237 rabiscos um por um é um desafio para a visão.

Os egípcios antigos, extremamente focados em um sistema decimal, substituíram potências de 10 por hieróglifos. Ou seja, para a quantidade 10 usavam o símbolo ᴐ; para 100, ଚ; para 1.000, o desenho de uma planta; para 10 mil, o de um dedo; para 100 mil, o de um sapo, entre outras representações.

Outro sistema matemático vigente no Egito Antigo, o hierático, era mais parecido com o nosso atual, e atribuía um símbolo diferente para cada quantidade. Ou seja, todos os algarismos de 1 a 9 tinham seu próprio desenho. O problema é que as outras quantidades também possuíam seus símbolos. Ou seja, 100 não era o 1 acompanhado dois zeros, mas um desenho diferente dos demais. Nesse caso, aprender o sistema hierático era como aprender outra língua. Os escribas que usavam esse sistema até curtiam essa dificuldade, pois ele mantinha o conhecimento matemático, considerado mágico, restrito a esse grupo exclusivo.

Os romanos tentaram resolver esse problema adotando os numerais que você certamente conhece: os algarismos romanos. Os símbolos básicos do *ratio putare* de certas quantidades viraram letras. Por exemplo, em vez de "IIIII", a quantidade 5 virou "V". O 50 virou "L"; o 100, "C"; 500, "D". As quantidades eram, então, descritas com o agrupamento desses símbolos. No entanto, mais uma vez, escrever grandes quantidades era um problema, já que o sistema de algarismos romanos não permite a subtração de qualquer numeral a não ser o seguinte. Ou seja, 99 não poderia ser escrito como IC (100 − 1), e sim como XCIX [(100 − 10) + (10 − 1)].

Por volta de 2000 a.C., os sumérios adotaram uma solução mais prática: o sistema posicional, com símbolos para os números 1 a 9, adotando uma posição diferente que indicasse sua grandeza. Desse modo, eles podiam descrever e diferenciar com precisão quantidades como 19, 91 e 911 – e até números maiores, já que eles não precisam de símbolos novos para cada potência de 10.

♠ CAPÍTULO 5 ♠
Números e um zero à esquerda

Os espertinhos dos sumérios tinham um problema: não havia um símbolo para o zero. A grandeza dos números perfeitamente organizados ficava aberta à interpretação do contexto. Uma coisa é dizer que alguém tem 4 filhos, já que seria pouco provável totalizar 40 filhos. Outra é acreditar que você está fazendo um bom negócio ao comprar 50 vacas e levar apenas 5.

Pode parecer estranho, já que usamos o zero todos os dias, mas as civilizações ocidentais demoraram para adotar o símbolo e considerá-lo um numeral. Gregos e romanos, por mais avançados que fossem, não tinham um símbolo que significasse o "nada".

O registro mais antigo de algo similar ao zero foi encontrado na Babilônia. O sistema numeral daquela região era baseado em 60. A notação acumulava 1s até que ele chegasse ao 10; quando esses 10s alcançavam 60, eles passavam para outra "fase". Mas engana-se quem pensa que os babilônios tinham símbolos diferentes para essas unidades, como no sistema romano. Eles adotaram uma notação posicional, mais parecida com a nossa, com a quantidade maior aparecendo à esquerda da unidade menor. Ou seja, eles conseguiam indicar que 232 valia menos que 322 por conta da posição dos números, apesar dos símbolos serem os mesmos.

Em uma época sem zeros, como era possível diferenciar o número 202 de 22? Ambos os números 2 estão posicionados em valor decrescente da esquerda para a direita. E aí? Os babilônios encontraram uma solução simples e engenhosa, criaram um símbolo para representar um espaço vazio: uma linha em diagonal. Então, tornou-se possível diferenciar 2/2 de 22, e as contas se tornaram muito mais precisas e seguras.

Demorou um tempo até que matemáticos passassem a considerar o zero um número, e não apenas algo para separar unidades. O zero não se comporta como os outros números, mesmo nas operações básicas. Em uma soma com outro numeral, o zero não altera o resultado. Assim como na subtração. Mas ao multiplicar um número por zero... o resultado também é zero. E há, também, a temida divisão por zero.

Ao dividir 0 por 2, por exemplo, o resultado é zero. Afinal, se você corta nada pela metade, continua com nada. Mas e a divisão de 2 por 0?

O seu professor de Matemática pode ter dito simplesmente que a divisão por zero é indeterminada e terminado a conversa aí. Afinal, não faz sentido dividir algo por zero. Esse debate, no entanto, é muito antigo na matemática, e merece ser analisado com mais atenção.

Vamos ilustrar esse dilema com o exemplo clássico das frações. Joãozinho tem 1 pizza (o inteiro) de 30 cm² de área, e divide-a na metade (½; 15 cm² de área cada parte). Depois, ele divide cada metade na metade (¼; 7,5 cm² de área cada parte), e cada quarto na metade novamente (⅛; 3,75 cm² cada parte). Se o Joãozinho continuar esse processo, os dividendos das frações aumentam 1/16, 1/32, 1/64 etc., enquanto a área dividida fica cada vez menor. Ou seja, o que era uma pizza inteira virou 64 unidades, cada uma um pedacinho de 0,4 cm². E quanto menores os pedaços vão ficando, mais pedaços o Joãozinho tem. Quanto mais próxima a área dos pedaços fica do zero, mais o total de pedaços de pizza se aproxima do infinito.

O matemático indiano Brahmagupta (598-668 d.C.) afirmava que qualquer divisão por zero produzia zero. Ele, aliás, foi o primeiro a admitir a importância do "nada" nos cálculos, citando seu papel na matemática posicional e fornecendo a primeira definição de zero registrada: zero é a subtração de um número por si mesmo. Bhaskara (1114-1185 d.C.), outro matemático indiano, disse no século XII que o resultado de uma divisão por zero deveria ser infinito. (Aposto que você treme ao ler o nome dele, lembrando da temida fórmula, mas a contribuição de Bhaskara para a matemática é muito importante.)

Hoje, os matemáticos preferem afirmar que o resultado dessa divisão é indeterminado, não existe um valor definitivo. Afinal, não existe propósito matemático nesse resultado, assim como, certamente, não há propósito para Joãozinho comer pedaços infinitamente pequenos de pizza.

No século XIII, um tal de Leonardo de Pisa, mais conhecido como Fibonacci (e de quem falaremos mais adiante), deparou-se com o zero matemático em uma viagem pela África e trouxe a "novidade" para o Ocidente. Em seu livro *Liber Abaci*, ele apresentou os algarismos que viríamos a utilizar hoje: 1, 2, 3... 9 modernos. E, entre eles, um algarismo diferente – o 0 –, o qual Fibonacci chamou de "zephirum". "Com esses algarismos, qualquer número pode ser escrito", disse o matemático.

Por que *esses* símbolos foram os escolhidos? Afinal, há uma relação clara entre os três traços e a quantidade três. Mas o que esse "3" têm a ver com o número que representa? Para entender, basta "converter" os numerais para suas formas retas básicas (que se tornaram arredondadas por razões práticas de escrita) e contar os ângulos que aparecem.

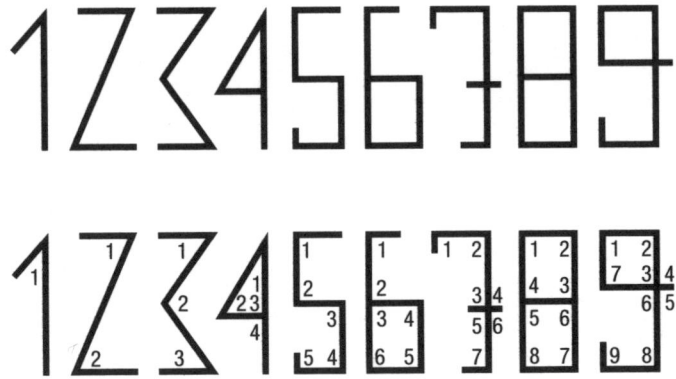

Não se engane, no entanto, ao achar que essa notação está "escrita na pedra". Assim como nossos ancestrais (que, olha só, escreviam em pedras!) mudaram a maneira de representar quantidades, as próximas gerações poderão encontrar formas diferentes e até mais sofisticadas para resolver e apresentar símbolos e operações matemáticas. A constante (mas nem sempre ágil) evolução dos números pode ser exemplificada pela grafia do zero, que, em um mundo cada vez mais digital, tem sido lido por diversos computadores programados como o símbolo θ, a fim de diferenciá-lo da vogal "o" maiúscula.

Em 1993, Jaime Redin criou uma nova notação para os números em calculadoras, os quais ele denominou "números verbais". O conceito de Redin é que, ao misturar letras e números, é possível ter um padrão mais intuitivo. Ao escrever 5-M, por exemplo, a calculadora imediatamente "entenderia" 5 milhões, não sendo mais necessário pressionar todos os zeros.

♠ CAPÍTULO 6 ♠
O computador neolítico

O que você diria se soubesse que os antigos povos do Reino Unido começaram a construir um computador capaz de prever eventos astronômicos em 2350 a.C.? Stonehenge, aquele monumento circular de grandes rochas, foi construído em três etapas: a primeira, chamada Stonehenge I, teve início nesse período, entre 2350 a.C. e 1900 a.C.; Stonehenge II, entre 1900 e 1700 a.C.; e Stonehenge III, entre 1700 e 1350 a.C. Todas essas etapas devem contabilizar umas 30 milhões de horas de trabalho.

E para quê? É o que os pesquisadores tentam responder até hoje. No início do século XX, o astrônomo britânico Sir Norman Lockyer (1836-1920) afirmou que Stonehenge era um templo usado para rituais que servia para indicar precisamente a mudança das estações. A primeira etapa da construção, por exemplo, é alinhada com as fases da lua e aponta para o Sol durante o último dia de inverno. Em Stonehenge II, adicionaram valas alinhadas ao Sol no primeiro dia de verão. Isso significa que milhares de anos antes de Pitágoras caminhar pela Terra, tinha um pessoal que já incorporava conceitos como o pi (π) em suas construções.

Quem é exatamente esse pessoal ainda é alvo de debate. Muitos cientistas afirmam que Stonehenge teria sido obra dos druidas, mas, apesar de terem usado o círculo de pedras para propósitos rituais, eles chegaram à região apenas por volta de 300 a.C. Já os antigos romanos, que muita gente aponta como os autores da construção, alcançaram as ilhas britânicas somente em 40 d.C.

Para além de qualquer crença mística, esse "computador" primitivo era capaz de calcular datas essenciais para a agricultura, sendo, consequentemente, fundamental para a sobrevivência de antigas civilizações, que podiam diferenciar a época de plantio da época de estocagem de alimentos.

Na década de 1960, um pesquisador chamado Gerald Hawkins (1928-2003) usou um IBM 7090 (um computador muito mais parecido com o seu do que com o Stonehenge) para determinar que 56 buracos presentes em um dos círculos de Stonehenge poderiam ser, inclusive, usados para prever eclipses solares e lunares. Hawkins foi duramente criticado por astrônomos, que chamaram sua pesquisa de tendenciosa. Foi somente quando Fred Hoyle (1915-2001), um cosmólogo britânico extremamente respeitado, confirmou a teoria de Hawkins em 1966, que a hipótese de que o Stonehenge era um tipo de computador "primitivo" começou a ser mais aceita – e a astronomia megalítica começou a ser levada mais a sério.

A isso também se deve o trabalho do engenheiro Alexander Thom (1894-1985), que levantou a hipótese de que, para construir monumentos como o Stonehenge e outros círculos de pedra, os antigos habitantes do Reino Unido usavam uma padronização de medidas, assim como hoje usamos metros, pés e jardas, o que prova a sofisticação dessa arquitetura. Não sabemos como eles chamavam essa unidade, mas Thom a apelidou de "jarda megalítica", que equivale a 0,829 metro.

Uma padronização de medidas faz todo o sentido em uma sociedade agrícola, assim como a padronização de um sistema numeral. Desse modo, construções feitas em um local ou plantações de determinados tamanhos podem ser replicadas em outros lugares distantes. A hipótese de que havia um sistema de medidas na Antiguidade fortaleceu-se após ter sido encontrada uma vara de nogueira graduada (com várias divisões iguais, ao modo de uma régua,) em um sítio arqueológico norueguês. A vara, datada de 2000 a.C., era apenas um pouco menor do que a da jarda megalítica de Thom.

Hoje, é claro, pode parecer completamente fora da casinha ir até um círculo de pedras para entender o posicionamento do Sol, mas vale lembrar que muitas pessoas de comunidades agrícolas ainda usam as estrelas para prever épocas de chuva, de colheita e de plantio. Apenas agradeça por poder acessar o Google pelo celular sem precisar carregar algumas rochas de várias toneladas.

Parte 2

PELADÕES E MÚMIAS: QUEM COMEÇOU A USAR A MATEMÁTICA PARA ALÉM DO ÓBVIO

Como egípcios, gregos e outros povos da Antiguidade avançaram no estudo da matemática (e ficaram encantados pelos números)

♠ CAPÍTULO 1 ♠
Pirâmides e mortos-vivos

Se você assistiu aos filmes da saga *A múmia*, certamente se lembra de Imhotep, o conselheiro do faraó condenado a se tornar um morto-vivo após "andar" com a favorita do rei. Esse personagem realmente existiu – obviamente, não como retratado no cinema, ou já teríamos sucumbido ao apocalipse.

Imhotep serviu a Djoser, rei da terceira dinastia do Antigo Egito, como seu chanceler, por volta de 2655 a.C. O conselheiro é considerado nada mais nada menos que o primeiro arquiteto e engenheiro da Antiguidade. Seu feito? Construir a primeira pirâmide da qual se tem registro. Djoser decidiu que, para alcançar a glória no pós-vida, precisaria de um túmulo imponente, que o ajudasse a ficar mais perto do céu. Então, ele incumbiu Imhotep de pensar nesse glorioso local de descanso para seus ossos.

Imhotep era um sacerdote treinado nas artes religiosas, mas filho de um mestre de obras e com um grande conhecimento de matemática, astronomia e arquitetura. O resultado não decepcionou o faraó: a pirâmide de degraus de Saqqara, feita com seis níveis de enormes blocos de pedra esculpida, alcançou 62 metros de altura. Pode não parecer muito hoje, mas certamente era algo assombroso numa época em que nem a pirâmide de Gizé havia sido concebida.

Uma pirâmide é muito mais do que um punhado de blocos de pedra empilhados um em cima do outro, o que revela o árduo trabalho de planejamento e execução de Imhotep. No subsolo, há um complexo de câmaras e galerias de 6 km de comprimento, conectados a um eixo central de 7 m², onde Djoser foi sepultado. Essas salas e corredores eram ricamente decorados, para que a habitação que abrigaria o rei após sua morte fosse como um palácio. Quando a pirâmide foi "descoberta" posteriormente, em tempos modernos, nenhum corpo foi encontrado no interior, já que ela havia sido saqueada.

Graças a esse glorioso feito, que se estendeu por toda a cultura egípcia antiga na forma de outras pirâmides, Imhotep não foi amaldiçoado, mas imortalizado. Ele acumulou mais títulos do que Daenerys Targaryen, de *Game of Thrones*: Chanceler do Faraó do Baixo Egito, Primeiro após o Faraó do Alto Egito, Administrador do Grande Palácio, Médico, Nobre Hereditário, Sumo Sacerdote de Heliópolis, Arquiteto--Chefe do Faraó Djoser, Escultor e Fabricante de Recipientes de Pedra.

Depois de ter concluído a pirâmide de Djoser, Imhotep ainda foi chamado para trabalhar na pirâmide de Sekhemkhet, o faraó seguinte. Apesar de, infelizmente, a obra não ter terminado – devido ao curto reinado de Sekhemkhet –, nela está a assinatura de Imhotep, uma das poucas provas de sua existência.

Imhotep é um dos poucos plebeus retratados em obras de arte junto com faraós, e sua vida foi celebrada por egípcios 23 séculos após sua morte. Antes de começar um trabalho, os escribas costumavam derrubar um pouco de tinta no chão em homenagem a Imhotep, como um sortilégio. Sua história foi passada para os gregos, que o batizaram de Imuthes e consideravam-no um dos filhos de Apolo (mais adiante, veremos que Imhotep não foi o único matemático considerado herdeiro dessa divindade grega).

Se você ainda tem uma pulga atrás da orelha por conta dos filmes, tenho más notícias. A múmia de Imhotep não foi encontrada até hoje. Sabe-se que seu túmulo teria sido planejado por ele mesmo (os egípcios tinham uma grande fixação pela morte, como dá para perceber) e, provavelmente, estaria em algum lugar perto da pirâmide de Saqqara. No entanto, a localização exata permanece desconhecida, como o próprio Imhotep desejava. Ou seja, se você estiver fazendo um *tour* pela região, nada de mexer com livros cheios de encantamentos antigos encontrados em uma escavação. Pois foi quase isso que um egiptólogo escocês chamado Alexander Rhind (1833-1863) fez.

Em 1858, Rhind estava dando uma volta em um mercado de Luxor, no Egito, quando um papiro à venda em uma banquinha chamou sua atenção. Hoje, devemos agradecer por esse rolê de Rhind pelas lojinhas. Afinal, ele acabava de adquirir para sua coleção particular, provavelmente por um preço irrisório, nada mais nada menos do que a principal fonte sobre a matemática no Egito Antigo.

O papiro de Rhind, de 1650 a.C., tem 5,5 metros de largura e foi encontrado primeiro em um túmulo em Tebas. O papiro foi produzido por um escriba chamado Ahmes e contém uma série de 85 problemas matemáticos com conceitos como frações, progressão aritmética, álgebra e até geometria relacionada às pirâmides. O objeto também contém o primeiro símbolo conhecido para uma operação matemática: para adicionar um número a outro, Ahmes colocava o desenho de dois pés humanos entre os dois valores (algo muito mais divertido do que a nossa notação atual).

Apesar de o símbolo de adição utilizado hoje parecer um hieróglifo, o papiro de Rhind foi produzido em escrita hierática, uma mistura da escrita egípcia tradicional com uma linguagem própria para registros matemáticos. Assim como se faz na escola com canetinhas coloridas, todos os títulos e soluções foram grafados com cores diferentes. O papiro é dividido em três seções, e a última é a mais interessante, pois contém o famoso "problema 79".

Esse problema descreve cinco termos de progressão geométrica: 7 casas contêm 7 gatos; cada gato mata 7 ratos; cada rato comeu 7 ramos de trigo; cada ramo poderia ter produzido 7 hekats (uma unidade de medida agrícola cujo nome é similar a hectare) de trigo. Qual é a soma de todas as coisas enumeradas? Será que você encara o desafio? (PS: o resultado é 19.607.) Milhares de anos depois, Fibonacci publicaria uma versão parecida desse problema em seu *Liber Abaci* (o mesmo que fala sobre o zero).

Ahmes é considerado o primeiro matemático da história conhecido pelo nome. E ele já sacava sua própria importância, pois escreveu no papiro que aqueles relatos eram ferramentas para entender melhor todas as "coisas, mistérios e segredos". Se você quiser dar uma olhadinha nesse objeto, hoje ele pertence ao acervo do British Museum, em Londres.

Dentro do tema Egito e pirâmides, Tales de Mileto é creditado como o primeiro matemático a conseguir medir a Grande Pirâmide de Gizé. Diziam que ele era tão apaixonado pela ciência que, uma noite, enquanto observava as estrelas, tropeçou e caiu em um barranco, indo parar perto de um riacho. Uma velhinha viu a cena toda e, antes de espalhar para todas suas amigas o mico que Tales tinha pagado, deu uma bronca nele, dizendo que seus sonhos sobre o céu o impediam de ver o que havia sob seus pés.

Tales nasceu em Mileto, uma colônia grega hoje situada na região da Turquia. Provavelmente você aprendeu nas aulas de Matemática que o cara usou a sombra causada pela inclinação do Sol para calcular a altura das pirâmides, algo bem mais prático do que subir até o topo da construção segurando uma cordinha numerada.

Como ele fez isso? Tales notou que, em certo momento do dia, sua própria sombra correspondia exatamente a sua altura. Então, nessa mesma hora, ele mediu o tamanho da sombra da Grande Pirâmide de Gizé a partir de seu centro.

Parece lógica pura, mas ele usou conceitos trigonométricos sofisticados para a época para chegar a essa conclusão. Afinal, ele precisava saber que os raios do Sol atingiam a Terra inclinados, que eram paralelos e que a sombra das coisas é projetada de acordo com essa inclinação. Então, Tales notou existir uma razão entre a altura de um objeto e sua sombra, e que essa razão se aplica a qualquer objeto (pelo menos, naquele exato momento da medição). Surgia o teorema de Tales: "feixes de retas paralelas cortadas ou intersectadas por segmentos transversais formam segmentos de retas proporcionalmente correspondentes". O que pode ser representado pela fórmula a seguir, que talvez você se lembre das aulas de Matemática:

$$\frac{AB}{BC} = \frac{A*B*}{B*C*}$$

AB seria a altura da pirâmide; BC, o comprimento da sua sombra; A*B* corresponde à altura de Tales; e B*C*, à sombra.

Criar essa equação não foi nada fácil. Dizem que Tales passou quarenta dias no deserto para chegar à conclusão. Como retribuição, os deuses egípcios teriam dado a ele o poder de conquistar qualquer donzela. Mas talvez o matemático não precisasse de ajuda divina. A história mostra que ele era bem espertinho, tendo ficado riquíssimo graças a seus conhecimentos.

Tales de Mileto ganhou fama por usar a matemática para prever acontecimentos. E tirar vantagem deles. Por exemplo, ele conseguiu calcular e prever a ocorrência de um eclipse, ganhando grande respeito entre a sociedade, que passou a vê-lo como um místico poderoso. Esse feito o tornou tão famoso que hoje é possível estimar a época em que ele viveu, porque Heródoto, em sua obra *Histórias*, afirma que o tal eclipse aconteceu no dia 28 de maio de 585 a.C.

No entanto, essa sabedoria não surgiu do nada. Tales era filho de mercadores ricos e foi enviado para estudar com sábios egípcios, com os quais aprendeu a não atribuir tudo aos deuses. Por exemplo, em vez de ficar chateado com uma divindade por um terremoto, Tales teorizava que o solo flutuava em cima da água, ocasionando os eventuais tremores. Hoje sabemos que essa teoria não é verdade, mas representou um passo em direção ao método científico, que busca explicações para fenômenos naturais na própria natureza, e não na interferência divina.

Dizem que Tales também conseguiu prever a ocorrência de secas e, por consequência, antecipar a demanda por óleo de oliva – e ganhar uma nota com isso. Afirma-se que ele comprou todas as máquinas (prensas) de fabricar azeite de Mileto e fabricava óleo com as azeitonas mais baratas, vendendo o produto em épocas de maior procura por um valor bem mais alto. Outro relato diz que ele conseguiu um acordo com os donos das prensas para alugá-las em momentos de maior demanda. Em ambas as histórias, Tales afirmava que fazia isso não para enriquecer, mas para provar que a filosofia (a matemática, à época, era considerada uma de suas vertentes) valia a pena. O dinheiro era somente uma consequência "básica".

Com toda essa lábia, um cara desses não precisava da ajuda de Rá ou de outros deuses egípcios para se dar bem. Apesar de sua vida de luxo, Tales passou dessa para a melhor de uma forma bem "gente como a gente". De acordo com Diógenes Laércio (180-240 d.C.), biógrafo de filósofos gregos, Tales de Mileto era um apaixonado por esportes e estava acompanhando as Olimpíadas de 548 a.C. quando ficou muito empolgado com os jogos, teve um ataque cardíaco e não resistiu.

♠ CAPÍTULO 2 ♠
O líder da seita que está nos seus livros

Quando se ouve falar em Pitágoras, provavelmente a primeira coisa que vem à mente é seu famoso teorema, que descreve as relações em um triângulo retângulo (aquele com um ângulo de 90°). Talvez você até saiba recitar o teorema de cor: "em um triângulo retângulo, o quadrado do comprimento da hipotenusa é igual à soma dos quadrados dos comprimentos dos catetos". Por isso, ao imaginar a figura de Pitágoras, é possível imaginar um cara com o nariz enfiado nos livros, que mal saía de casa e não gostava de falar com outras pessoas. Afinal, quem consegue inventar nomes e conceitos como "catetos" e "hipotenusa" se não esse tipo de gente?

Pois saiba que a vida de Pitágoras (ou o pouco que sabemos dela, já que os registros informam mais sobre a escola que ele fundou do que sobre sua própria vida) foi muito mais emocionante. Ele foi considerado não apenas um sábio, mas também uma figura mística e até um semideus. E, sim, ele era bastante popular.

Estima-se que Pitágoras tenha nascido na região de Samos, por volta de 569 a.C., e, desde cedo, impressionou as pessoas com seu cérebro poderoso. Diziam que uma pessoa tão inteligente não poderia ser humana. Como os gregos adoravam pensar que os deuses andavam entre eles, chamavam Pitágoras de "semideus", filho de um dos deuses do Olimpo com um humano, assim como na lenda de Hércules. Se Hércules era filho de Zeus, o líder dos deuses do Olimpo, o matemático era filho de Apolo, o deus do Sol (assim como Imhotep). Além disso, a pele brilhante de Pitágoras reforçava a ideia de que ele era filho de Apolo, tendo sido herança do pai que brilhava no céu.

Um cara como Pitágoras não devia ter problemas para arranjar amigos, certo? Afinal, ele era a versão grega daquele moço que aparece em todo churrasco, bronzeado, inteligente, contando histórias de viagens e tocando Raul Seixas no violão. Por meio de sua popularidade, Pitágoras reuniu cerca de 300 jovens na cidade de Crotona, hoje na Itália, e fundou uma escola que, apesar de batizada em sua própria homenagem, na verdade, estava mais para uma seita místico-matemático.

Os "pitagóricos" viviam separados da sociedade, estudando e partilhando todos os seus bens e suas descobertas científicas. Nenhum tipo de conhecimento deveria ser divulgado para quem não era membro. Como em toda boa sociedade secreta, há especulações sobre os costumes praticados (nenhuma delas provada, já que o segredo era lei entre os pitagóricos). Um desses costumes seria o de calçar primeiro o pé direito ao acordar, e, durante o banho, lavar primeiro o pé esquerdo. Os membros também deveriam ajudar pessoas a carregar coisas, mas nunca a descarregá-las de um veículo. Além disso, era um tabu comer as migalhas das refeições que ficavam na mesa.

Mas nem tudo na Escola Pitagórica seria considerado sem sentido hoje. Uma das principais descobertas de Pitágoras e seus pupilos foi o que hoje se conhece por "harmonia musical". Naquela época, não se sabia como funcionava a teoria das cordas vibratórias da física, e a música, assim como trovões, raios, chuvas e outros fenômenos naturais que não tinham explicação científica, era atribuída aos deuses do Olimpo. No entanto, os membros da Escola Pitagórica notaram que, ao vibrar, a corda de uma lira (um instrumento parecido com uma harpa, tradicional da Grécia Antiga) produz uma nota; portanto, uma corda com a metade do comprimento produziria uma nota harmônica em relação ao som anterior, chamada de oitava. Uma corda com dois terços do tamanho original produziria outra nota harmônica, assim como outra com três quartos do comprimento. Ou seja, se não há uma divisão exata entre as notas, elas produzem um som desagradável ao serem agrupadas, gerando ruídos dissonantes. A partir daí, Pitágoras teorizou que determinados ritmos e sequências de notas poderiam alterar nosso estado de espírito. Com escalas maiores, chamadas de modo dórico, o ouvinte se sentiria mais calmo, enquanto com escalas menores (modo frígio), o sentimento tornava-se mais melancólico e passional.

Ao juntar música e matemática, tornou-se possível entender como o Universo era organizado. Por meio de relações matemáticas e musicais tão perfeitas alcançaríamos a chamada "música das esferas", a partir da qual seria possível prever o comportamento dos corpos celestes observados com grande interesse na Grécia Antiga. Pitágoras acreditava que o cosmo era regido por leis matemáticas precisas, ou seja, que tudo poderia ser medido e, por consequência, previsto.

Para os pitagóricos, todo o Universo era regido pelos números. Eles consideravam o número 1 o início de qualquer coisa, desde um broto de planta até criaturas complexas, como o seu irmãozinho mais novo (que parece não ter a menor noção do que seja matemática). O número 2 era associado ao princípio feminino, e o 3 ao masculino. O número 4 remetia aos quatro elementos (fogo, ar, água e terra), os quais, de acordo com a crença da época, formavam todas as coisas. E o número 10 era divino, por ser a combinação de todos os números anteriores, sendo chamado de "número quaternário" (1 + 2 + 3 + 4 = 10).

Se transformarmos o número quaternário em dez pontos com lados de três e um ponto no seu interior, eles formam um triângulo, a base da geometria grega e uma das formas preferidas de Pitágoras (se estivesse vivo, ele teria uma tatuagem de triângulos bem *hipster*). Os gregos também acreditavam que o Sistema Solar tinha dez corpos celestes: o Sol, a Lua, Mercúrio, Vênus, Terra, Marte, Júpiter, Saturno, Urano e uma tal de "Antiterra", um planeta que estava sempre do lado oposto do Sol e, por isso, não poderia ser visto daqui. Por que eles achavam que a Antiterra existia? Ora, o Universo era perfeito e a perfeição era o número 10. Não fazia sentido um sistema com apenas nove corpos celestes, então eles inventaram um a mais.

Essa busca pela perfeição acabou levando Pitágoras e sua turma a alguns erros – e até a um assassinato. Dizem que um dos pitagóricos, um sujeito chamado Hipaso de Metaponto, conseguiu provar que a diagonal de um quadrado unitário (um quadrado com cada lado valendo uma unidade de medida qualquer) não é uma fração exata, mas um número irracional. Ou seja, um número que não pode ser obtido pela divisão de números inteiros, o que ia de encontro ao que acreditavam os pitagóricos. Para eles, essa hipótese era um absurdo, uma afronta à crença de que os números inteiros e racionais eram o tecido que formava todo o Universo, a perfeição pura. Hipaso teria provado sua teoria no meio de uma viagem de barco pelo Mediterrâneo. Ele irritou tanto os fanáticos pitagóricos que eles acharam melhor jogá-lo da embarcação, matando o matemático "do contra".

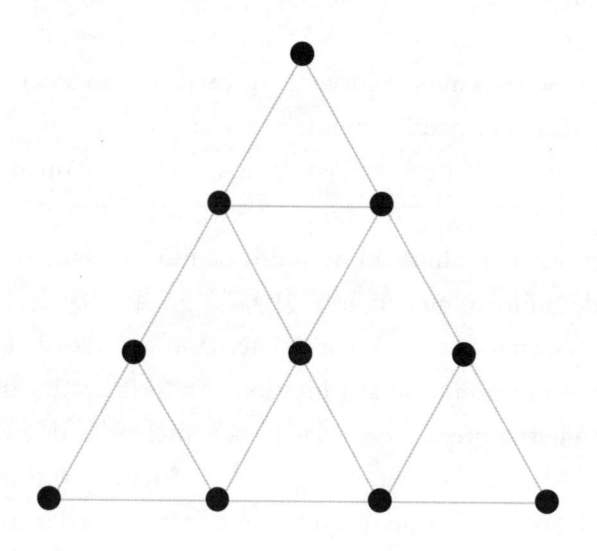

Número quaternário de Pitágoras.

Para os pitagóricos, no entanto, a morte não era um problema tão sério. Eles acreditavam que a alma de uma pessoa voltava em outra criatura logo após passar desta para a melhor – ou não tão melhor assim. Se o falecido tivesse sido um cara do bem, ele voltaria como uma grande pessoa. Mas se a vida dele não tivesse sido exemplar, ele poderia voltar como um porco, um cachorro ou na pior condição de todas segundo os "senhores perfeitos": uma mulher. Se dependesse dos seus colegas, Hipaso provavelmente teria reencarnado como Hipasa.

Eles também não costumavam comer carne, apenas a de animais sacrificados. Já imaginou o bife do almoço ser uma parte do seu avô? Um relato indica que, ao ver um sujeito batendo em um cachorro na rua, Pitágoras interferiu. O matemático teria reconhecido a voz de um amigo falecido no ganido do animal. Os pitagóricos também não comiam feijões por esse motivo, pois a forma do grão aberto era muito parecida com a de um feto humano, o que causava desconfiança entre eles. Pitágoras afirmava que se você colocasse um feijão em um buraco na terra, depois de quarenta dias nasceria uma pessoa do broto (se você fizer esse teste, eu não me responsabilizo pelo resultado).

Feijões e cachorros à parte, a demonstração de Hipaso fez com que Pitágoras banisse de sua escola o conceito de número irracional, o que causa problemas imediatos para o próprio teorema de Pitágoras. Por conta da sua recusa em aceitar números "imperfeitos", o matemático não conseguiu provar a teoria.

Ninguém sabe ao certo que fim levou Pitágoras. A maioria dos relatos dá conta de que ele tinha cerca de 80 anos quando rejeitou um grupo de "pretendentes a pitagóricos", que não ficaram nada felizes ao terem sido desprezados e teriam incendiado a casa do filósofo com ele dentro. Outra versão diz que o "filho de Apolo" foi derrotado em uma plantação de feijão. Ao ser perseguido pelos pretendentes rejeitados, Pitágoras fugiu e se viu diante da plantação, a qual ele recusou a adentrar e, encurralado, teve sua garganta cortada. Há mais uma versão, que afirma que ele chegou a se esconder no campo de feijões, mas se recusou a comer um grão sequer e morreu de inanição. Um fim nada brilhante.

♦ CAPÍTULO 3 ♦
Cabras amigáveis e números perfeitamente confusos

Os discípulos de Pitágoras acreditavam que a matemática e os números eram a verdadeira base do Universo, já que seus cálculos apontavam para a exatidão (quando apontavam para algo diferente do que consideravam perfeito, eles preferiam olhar para o outro lado, ou despejar o problema em alto-mar). Então, faz todo o sentido eles terem se dedicado ao estudo dos chamados "números perfeitos".

Um número perfeito não é aquela nota que você precisa tirar na prova para se livrar de uma recuperação (esse tipo de número deveria ser chamado de "alívio instantâneo"). Um número perfeito é o resultado da soma de todos os seus divisores naturais (excluindo ele próprio). Por exemplo, o número 6, que é a soma dos números 1, 2 e 3. O próximo número perfeito é 28 (soma dos números 1, 2, 4, 7 e 14).

Apesar dos pitagóricos acreditarem nas propriedades místicas desses números, afirmando, inclusive, que eles poderiam ser os pilares da Terra, foi Euclides que os estudou mais a fundo, determinando que, se o resultado de $2^n - 1$ for um número primo, então o resultado da operação $2^{n-1} \times (2^n - 1)$ será um número perfeito, desde que n seja maior que 1. Faça o teste. Coloque 2 no lugar de n e você terá 6. Ao substituir por 3, o resultado será 28.

Euclides conhecia pelo menos quatro números perfeitos. Além de 6 e 28, havia 496 e 8.128. Apenas no século XV o quinto número perfeito foi encontrado. Em 1772, Leonhard Euler (1707-1783) foi celebrado por encontrar o sexto número perfeito: 2.305.843.008.139.952.128, o número perfeito descoberto quando n é igual a 31. Simples, não? Mesmo hoje, com computadores superpoderosos, conhecemos apenas 49 números perfeitos, o maior deles contendo apenas 44 milhões de dígitos.

Outra diversão dos pitagóricos eram os números amigáveis. Se você nunca foi o maior fã do mundo de matemática (até começar a ler este livro, é claro), talvez não concordasse em chamar algum número de amigável. Mas saiba que eles existem de fato. Definem-se como pares de números (por isso "amigáveis") cuja soma de seus divisores resulta no outro (sem contar o próprio número).

Parece estranho, né? Vejamos um exemplo: 220 e 284 são o menor par de números amigáveis conhecido. Sabemos que 220 pode ser dividido por 1, 2, 4, 5, 10, 11, 20, 22, 44, 55, 110. A soma de todos esses números resulta em 284. Já 284 pode ser dividido por 1, 2, 4, 71 e 142, cuja soma é 220.

Os números 220 e 284 sempre provocaram curiosidade em matemáticos. No livro de Gênesis, por exemplo, Jacó dá a seu irmão, Esaú, 220 cabras de presente. Segundo Clifford Pickover, em seu livro *The Math Book*, teólogos acreditam que Jacó tenha escolhido esse número de cabras por representarem uma metade de um número amigável, uma vez que Jacó queria garantir um bom relacionamento com seu maninho.

Durante muito tempo, acreditou-se que 220 e 284 eram os únicos números amigáveis existentes, já que eles são realmente difíceis de achar. A frase "amigo é aquele como eu, assim como 220 e 284" é, inclusive, creditada a Pitágoras. Como ele calculava a soma de seus candidatos a amigos permanece um mistério. Quem descobriu existirem outros números amigáveis foi o astrônomo árabe Thabit ibn Qurra (836-901 d.C.), que, por volta de 850 d.C., desenvolveu uma fórmula capaz de gerar esses pares de números:

$p = 3 \times 2^{n-1} - 1$
$q = 3 \times 2^n - 1$
$r = 9 \times 2^{2n-1}$

Devemos considerar *n* um número inteiro maior que 1. Se *p*, *q* e *r* forem números primos, então passamos para a outra etapa dos cálculos:

$$2^n \times p \times q$$
$$2^n \times r$$

O resultado dessas duas fórmulas serão dois números amigáveis. Faça o teste substituindo o *n* por 2 e obtenha 220 e 284.

Apesar de a fórmula de Qurra ter ajudado a encontrar outros pares (Descartes, Pierre de Fermat e outros grandes matemáticos usaram seu método), ela não é muito intuitiva e não revela todos os números amigáveis possíveis. Em 1747, por exemplo, Euler havia descoberto apenas 64 pares. Foi somente com o avanço da matemática que, hoje, conhecemos mais de 11 milhões de pares, cuja grande maioria inclui números de grandeza maior que $3,06 \times 10^{11}$. Entre 0 e 1 bilhão, existem só 586 pares de números amigáveis.

Já vimos que grandes mentes matemáticas se dedicaram a esses números curiosos. Mas você deve estar se perguntando para que eles servem. Aparentemente, não para muita coisa. O propósito deles se mantém muito parecido com o das cabras de Jacó: você dá a uma pessoa algo que simboliza um número amigável e mantém o outro par do número, simbolizando, assim, uma união duradoura. Certamente, um ótimo presente para um interesse amoroso nerd. Vários autores citam o experimento que um árabe teria feito no século XI para testar os efeitos eróticos dos números amigáveis: esse sujeito teria comido alguma coisa com a inscrição 220, e seu par algo com 284. Não se sabe, no entanto, se isso resultou em alguma diferença na performance do casal.

♠ CAPÍTULO 4 ♠
Outros gregos cheios de problemas

Pitágoras não foi o único personagem "levemente excêntrico" a aparecer na matemática grega. No século V a.C., Atenas vivia uma era de enorme prosperidade intelectual, o que significa que a cidade servia como um ímã para homens geniais e doidinhos, que traziam seus problemas com eles. Um desse homens foi Anaxágoras (500-428 a.C.), que, não contente em chamar a atenção com seu nome espetacular, resolveu escrever um dos primeiros best-sellers científicos de que se tem notícia, o livro *Sobre a natureza*. Vendido por apenas 1 dracma nas ruas atenienses, a obra logo causou furor por afirmar que o Sol não era uma divindade, e sim uma grande rocha pegando fogo (a partir dessa teoria, ele conseguiu explicar melhor o que eram os eclipses). De acordo com Anaxágoras, o Sol era tão grande quanto a região do Peloponeso inteira. Um "leve" erro de cálculo, mas ele merece pontos pela ousadia.

Quem não gostou de suas teorias, no entanto, foram os religiosos e as autoridades locais, que mandaram prendê-lo por sua rebeldia contra os deuses. Enquanto estava preso, Anaxágoras não perdeu tempo em se arrepender de sua heresia, como seria esperado, mas dedicou-se a resolver um dos problemas matemáticos mais discutidos da Antiguidade: a quadratura do círculo. A ideia era criar um quadrado com a mesma exata área de um círculo usando apenas uma régua e um compasso. Ao relatar o caso anos depois, o historiador Plutarco (46-120 d.C.) afirmou que a dedicação de Anaxágoras provava que, independentemente das condições, é impossível tirar a felicidade, a sabedoria e a virtude de um homem. Não se pode discordar sobre a virtude e a sabedoria de Anaxágoras, mas se sua felicidade dependeu da resolução da quadratura do círculo, ele deve ter ficado bastante desapontado. Em 1882, a tarefa foi declarada impossível de ser executada em virtude de um teorema chamado Lindemann-Weierstrass, que prova que π é um número transcendental. Anaxágoras ficou quebrando a cabeça na prisão até que Péricles (495-429 a.C.), matemático e um de seus mais fiéis discípulos, conseguiu sua liberdade.

Péricles, aliás, é outra figura importante da época. Descendente de famílias influentes, ele era um político poderoso e um grande sábio, chegando a liderar a cidade de Atenas por muitos anos e ser um dos principais difusores da ideia de democracia. Péricles acreditava na educação e no conhecimento e foi o responsável pela construção de grandes estruturas que ainda existem na cidade, como o Partenon. Dizem que, dias antes de dar à luz, a mãe de Péricles sonhou que estava parindo um leão. Talvez ele tenha levado esse sonho muito a sério, porque, quando ficou mais velho, tornou-se um grande general. Muitos historiadores atribuem o início da Guerra do Peloponeso, o conflito entre Atenas e Esparta, a Péricles, cujo projeto de glória ateniense teria causado temor na cidade militar espartana. Ele também acreditava que a briga pela supremacia na região era inevitável e necessária.

A guerra durou muitos anos, deixando Atenas em tal estado de penúria que culminou em um surto de peste bubônica. Estima-se que a doença tenha matado cerca de um quarto dos atenienses, incluindo Péricles e sua família. O que isso tudo tem a ver com matemática, afinal? Como se Péricles já não tivesse causado problemas suficientes em vida, sua morte também criou um enigma matemático na região. Ao ver sua cidade e um dos seus mais populares líderes sucumbirem à doença, líderes religiosos perguntaram ao Oráculo de Apolo, em Delfos, como curar a população. Lá, sob a influência de vapores alucinógenos que emanavam da terra, uma sacerdotisa afirmou que o volume do altar para Apolo (uma estrutura cúbica) deveria ser dobrado. Os atenienses logo dobraram o tamanho do altar, mas isso não foi suficiente para parar a epidemia. Há duas explicações para isso. A primeira é que aumentar o tamanho de um altar não tem nenhuma relação direta com interromper o ciclo de transmissão da peste, claro. E a segunda é que eles erraram as contas. Para dobrar o volume de um cubo, não se pode simplesmente dobrar o seu tamanho. Isso multiplicaria o volume do cubo por 8, e não por 2. Apesar de gregos amarem réguas e compassos, esses dois instrumentos não auxiliavam a resolução do enigma.

A quadratura do círculo e a duplicação do cubo, problema conhecido como "deliano", são dois dos três problemas matemáticos "clássicos" da época. O terceiro problema foi chamado de "trissecção do ângulo", e o desafio era, diante de um ângulo qualquer, usar apenas uma régua e um compasso para construir outro ângulo com um terço de sua amplitude. Novamente, o problema foi declarado impossível de ser resolvido apenas com esses instrumentos muitos anos depois, em 1837, pelo matemático francês Pierre Wantzel (1814-1848).

O curioso é que, apesar da fixação com a régua e o compasso, os gregos poderiam ter resolvido a duplicação do cubo e a trissecção do ângulo usando dobraduras, pois é possível construir soluções de qualquer equação cúbica usando uma simples folha de papel.

♠ CAPÍTULO 5 ♠
Rindo à toa de línguas decepadas

Não fique (muito) assustado com o título deste capítulo. Já que estamos falando sobre a Grécia Antiga, há dois nomes da matemática assustadora que você precisa conhecer: Zenão e Eudoxo.

Zenão de Eleia (495-425 a.C.) foi um filósofo pré-socrático, discípulo de Parmênides (com o qual, segundo Platão, esse grande fofoqueiro, Zenão teve um *affair*), que criou problemas que assombram a mente dos matemáticos até hoje. Seu mais famoso paradoxo é uma variação da famosa lenda da lebre e da tartaruga, mas em vez de o réptil apostar uma corrida com a lebre, ele corre contra o herói grego Aquiles. Segundo a teoria, se a tartaruga sair antes de Aquiles, ele nunca vai conseguir alcançar o bicho.

O mesmo paradoxo pode significar que você nunca mais conseguirá sair de onde está neste momento. Por exemplo, você levanta e anda em direção à porta. Quando chega na metade do caminho, precisa andar a metade da metade do caminho. E quando alcança a metade desse caminho, precisa percorrer a metade da metade da metade do caminho. Confuso? Traduzindo em números, essa trajetória pode ser representada por ½ + ¼ + ⅛, e assim por diante. Segundo essa lógica, você nunca alcançará a porta, porque sempre faltará uma parte do caminho para ser completada.

Obviamente, você sabe que em algum momento vai alcançar a porta. Afinal, você já fez isso outras vezes. Uma explicação para isso é que, se cada trajeto é percorrido na metade do tempo da primeira etapa, esse infinito será percorrido de forma normal. A soma dessa série será 1.

Mas isso ainda não explica como conseguimos completar o infinito. Hoje, matemáticos usam números infinitesimais a fim de buscar uma solução para esse paradoxo. Há quem argumente que, se o tempo e o espaço em questão são discretos (ou seja, possíveis de ser quantificados), o número entre um e outro precisa ser finito. Será que você consegue realmente sair do mesmo lugar?

Um cara que consegue colocar uma pulga atrás da orelha da humanidade durante séculos deve ter tido uma vida interessante, não é mesmo? A história de Zenão realmente não decepciona. Os relatos de Diógenes Laércio (180-240 d.C.) indicam que Zenão era famoso por sua oratória, tendo usado essa habilidade para conspirar contra Nearco, um tirano que governava Eleia. Zenão teria sido capturado e acusado de conspiração, e foi torturado para revelar nomes de outras pessoas envolvidas na tentativa de golpe. Durante a tortura, o filósofo falou que não acusaria ninguém, mas tinha um segredo importante para revelar, então pediu para Nearco se aproximar para ouvir. Quando o déspota chegou bem pertinho, Zenão mordeu sua orelha com força e soltou somente quando foi morto. Outra versão da história diz que a conspiração foi contra outro tirano, Demylus, e que, em vez de morder a orelha do sujeito, Zenão mordeu a própria língua e a cuspiu na cara do governante.

Fica a dúvida: será que a língua conseguiu percorrer um trajeto infinito até alcançar o alvo ou está em perpétuo movimento até hoje?

Quem poderia responder a essa questão é Eudoxo (390-337 a.C.), cujo nome grego significa "honorável" e "amigo de todos", algo condizente com a sua trajetória.

Dizem que o pai de Eudoxo, Ésquines, gostava muito de observar as estrelas, o que teria despertado o interesse do filho. No entanto, o matemático iniciante em astronomia não tinha muito dinheiro. Então, quando cresceu e decidiu ir até Atenas para estudar com o filósofo Sócrates, ele precisou ir "na conta" de seu amigo (e talvez amante) Teomedon.

No fim das contas, os dois brigaram e se separaram, e Eudoxo ficou sem ter onde morar em Atenas. Ele conseguiu um apartamento em Pireu, na "região metropolitana" de Atenas, e caminhava 22 km para ir e voltar das palestras de Platão, todos os dias.

O esforço de Eudoxo não foi em vão. Seus amigos perceberam seu interesse por ciências e matemática e viram nele um grande potencial. Juntaram dinheiro na escola de Platão e o mandaram para Heliópolis, no Egito, onde ele poderia aprimorar seus conhecimentos em astronomia.

No Egito, graças à generosidade dos seus amigos, ele foi capaz de desenvolver seu famoso método da exaustão, um precursor do cálculo diferencial que mudaria a matemática para sempre (e que assombra estudantes até hoje) e influenciou, inclusive, Arquimedes, o maior matemático grego. O que esse método tinha de tão especial? Com ele foi possível provar que as áreas de círculos têm a mesma razão que a raiz quadrada de seus raios, e que o volume de uma pirâmide é um terço do volume de um prisma de mesma base e altura. Eudoxo apresentou uma nova forma de se pensar a geometria.

Embora tenha gente que tente refutar até hoje acreditando em terraplanismo, outra grande contribuição de Eudoxo foi a indicação de um sistema planetário composto de esferas. Sim, ele foi o primeiro a pensar que a Terra e seus colegas espaciais eram redondos. Acredita-se que Eudoxo tenha sido influenciado pelo pensamento pitagórico, que considerava a esfera a forma geométrica perfeita. Contudo, não havia meios tecnológicos na época que pudessem provar a verdadeira forma dos planetas.

A partir disso, Eudoxo teorizou uma rota de movimento para os planetas e as estrelas bastante equivocada, mas que apontava para uma explicação sobre o nascer e o pôr do sol.

Depois dessas descobertas, Eudoxo se tornou conhecido e voltou para Atenas. Sua fama, segundo alguns historiadores, teria irritado Platão. Afinal, quem era aquele pobretão que havia conseguido tantos seguidores?

Platão, aliás, era um cara bem nervosinho para um filósofo. Outra de suas inimizades era Demócrito, que ria sem parar por achar que o riso resultava em sabedoria. Demócrito também acreditava que a natureza era formada por pequenas unidades indivisíveis, como peças de Lego, chamadas átomos. Formas diferentes de átomos – alguns lisos, outros rugosos – criavam coisas diferentes, e essa organização era o que diferenciava uma pessoa de um pé de alface, por exemplo.

De acordo com Platão, a única utilidade dos livros de Demócrito era para alimentar uma bela fogueira. Talvez a implicância fosse motivada apenas pelo riso solto de "Dem", já que Platão levou a lógica dos átomos adiante. Foi a partir dessa teoria que ele descreveu os sólidos platônicos, objetos convexos em três dimensões cujos lados são polígonos idênticos, de mesmo comprimento e ângulos. O exemplo mais popular de um sólido platônico é o cubo, com seis faces compostas por seis quadrados idênticos.

Os gregos antigos provaram a existência de cinco sólidos platônicos: o tetraedro, o cubo, o octaedro, o dodecaedro e o icosaedro. Ao descrever esses objetos no livro *Timeu*, Platão afirmou que todos os elementos do Universo seriam formados por eles. Vale lembrar que, na época, acreditava-se que tudo era composto de água, fogo, ar e terra. O tetraedro representaria o fogo; o octaedro, o ar; o icosaedro, a água; e a terra seria feita de cubos. O dodecaedro ficou incumbido de "organizar as estrelas no cosmos". Dá até para compreender a lógica por trás da escolha de cada sólido para cada elemento: o tetraedro, mais pontudo, representaria as chamas; o icosaedro, mais arredondado, a fluidez da água; e o cubo, com menos arestas, a terra.

Por falar em forma, o físico do Platão, cujo nome verdadeiro era Arístocles, não era dos piores. Além de filósofo, ele era um atleta conhecido por seu físico robusto, tendo ganhado o apelido por conta de seus ombros largos (*platys*, em grego).

Platão é considerado o responsável por distinguir a matemática pura, que não tem aplicação no cotidiano, da aplicada, utilizada no dia a dia. Essa ideia faz lembrar sua alegoria da caverna, na qual ele estabelece a diferença entre aquilo que percebemos e a verdadeira essência do que é percebido, essência tal que existiria apenas no mundo das ideias, um lugar acessado não pelo olhar, mas pela consciência. Platão percebeu a distinção entre as aplicações mecânicas e vulgares da matemática (por exemplo, contas e máquinas) e as imateriais e puras, como a geometria.

Platão viveu em um tempo bastante conturbado. Depois de vários conflitos com os persas, Atenas (terra natal do filósofo) entrou em confronto com os espartanos na Guerra do Peloponeso. Após serem derrotados, os atenienses foram governados por uma série de tiranos e ocorreu o traumático julgamento de Sócrates, mentor de Platão, que culminou no suicídio do grande filósofo ao ingerir cicuta. De certo modo, essa morte simbolizou a mudança da lógica ateniense antiga, de viver em contemplação, promover o ócio como combustível da filosofia e do conhecimento.

Nesse período, Platão decidiu viajar pelo Mediterrâneo por doze anos e conheceu uma série de outros filósofos e matemáticos. Quando voltou para Atenas, em 386 a.C., fundou sua famosa escola: a Academia, dedicada a promover a educação e a matemática. Dizem que, na entrada da escola, Platão mandou gravar o seguinte: "Que não cruze minha porta alguém ignorante em geometria".

Assim como Pitágoras, também fundador de uma escola famosa, Platão acreditava que números tinham propriedades místicas. O 7, por exemplo, era digno de um grande respeito. Na época, acreditava-se que o Sistema Solar tinha 7 planetas, dos quais derivaram os 7 dias da semana. Com o número 7, Platão calculou o que chamou de seu número nupcial: a quantidade ideal de cidadãos que deveriam opinar na democracia de uma cidade. Para chegar a esse valor, ele multiplicou $7 \times 6 \times 5 \times 4 \times 3 \times 2 \times 1$, o que resultou em 5.040.

Essas ideias dividem a opinião de estudiosos sobre o verdadeiro papel de Platão na matemática. Há aqueles que o consideram um gênio por ter se dedicado ao abstrato. Entretanto, há quem veja sua contribuição como negativa, afirmando que ele encorajava seus estudantes e admiradores a contemplar questões abstratas demais, que acabaram por desperdiçar anos de avanços científicos. Uma coisa é certa: naquela época, a Academia de Platão se tornou o centro da ciência no mundo ocidental. No entanto, com o declínio de Atenas após a Guerra do Peloponeso, os cérebros mais potentes passariam a se reunir em outro centro.

♠ CAPÍTULO 6 ♠
Alexandria, cidade de bruxas e fantasmas

Com a decadência de Atenas após a Guerra do Peloponeso, que trouxe mortes, pragas e deixou a cidade suscetível à invasão helênica, as grandes cabeças pensantes do mundo antigo passaram a se reunir em outro lugar: Alexandria. Foi justamente dessa cidade egípcia que despontou Euclides, que viria a ser chamado de "pai da geometria". O apelido lhe foi concebido por ter escrito a obra *Os elementos*, um dos mais célebres tratados científicos acerca do conhecimento matemático, que foi organizado no método axiomático e mudou a humanidade a partir da sua publicação.

Quando falamos em mudar a humanidade, não estamos mentindo. Os 13 volumes foram um dos primeiros livros a serem impressos e estabelecidos como parte obrigatória do currículo de universidades. Desde então, mais de mil edições diferentes foram impressas. Os textos influenciaram nomes como Galileu Galilei e Isaac Newton, tendo servido de inspiração até para poemas.

Mas o que essa obra tem de tão especial? Nela, Euclides se recusa a aceitar qualquer fato como verdadeiro se não for comprovado matematicamente. Ele reconhece a necessidade de se estabelecerem algumas normas para poder provar alguma coisa (caso contrário, entraríamos em inúmeras questões filosóficas pouco conclusivas, que poderiam culminar, inclusive, em você achando que seu mundo é uma ilusão criada pela Matrix). Portanto, ele estabeleceu cinco axiomas, que não poderiam ser provados:

1. Dois pontos podem ser ligados por uma reta.
2. Pode-se sempre estender uma reta finita.

3. Um círculo pode ser tratado em qualquer centro, com qualquer raio.
4. Todos os ângulos retos são iguais.
5. Duas retas paralelas são interceptadas por uma terceira reta. Se os ângulos das paralelas em relação ao ponto em que são cortadas pela terceira têm uma soma menor do que 180°, as paralelas devem se encontrar eventualmente. (Este é o axioma mais complicado.)

Esses axiomas podem ser contestados pela matemática não euclidiana. Afinal, não são verdades irredutíveis, mas referenciais para o alcance de uma série de conclusões. Por exemplo, podemos dizer que, se uma pessoa gosta de todos os sabores de bolo, ela obrigatoriamente vai gostar de uma fatia de bolo de cenoura. No entanto, na prática, não sabemos se essa pessoa gosta de bolo – estamos apenas criando uma base para desenvolver uma lógica.

Isso significa que a geometria euclidiana é baseada em... nada? Na verdade, ela nos dá ferramentas para raciocinar com lógica no mundo que conseguimos perceber com nossos limitados sentidos humanos, apesar de estar fincada no imaginário.

O pensador Bertrand Russell (1872-1970) afirmou que *Os elementos* causou um impacto tão grande em sua vida quanto seu primeiro amor. "Não imaginei que pudesse haver algo tão delicioso no mundo", relatou. Claramente, Russell precisava de um *hobby* melhor. O que ele talvez não soubesse era que o autor dessa obra tão impressionante pode nunca ter existido.

Apesar da grande influência de seu trabalho, muito pouco se sabe sobre a vida de Euclides, como quando nasceu, onde viveu e de que maneira morreu. Mesmo nas primeiras edições de *Os elementos*, que hoje estão trancadas em bibliotecas do Vaticano, não há menção de um autor. Em obras antigas que fazem referência aos seus livros, ele é chamado apenas de "o autor de *Os elementos*". Além disso, os retratos existentes de Euclides foram imaginados e criados por artistas.

Se Euclides de fato não existiu, quem é o responsável por sua obra? Antes de dizer que foram os alienígenas quem escreveram os livros, há uma hipótese (ainda que pouco aceita entre acadêmicos) de que o matemático seria, na verdade, um grupo de estudiosos que teria escolhido o nome Euclides como uma referência a outro filósofo: Euclides de Mégara, antigo aluno de Sócrates. Há também a suposição de que toda a obra de Euclides não tenha sido produzida na Grécia Antiga, mas por jovens franceses que adotaram o pseudônimo no século XII. No entanto, essa versão é pouco estimada.

Contudo, apesar das pouquíssimas informações sobre a vida de Euclides, em geral, acredita-se que ele tenha existido. Certos historiadores afirmam que ele teria lecionado Matemática em Alexandria a convite de Ptolomeu I (367-283 a.C.), e outros dizem que ele teria estudado com Platão e Eudoxo.

O historiador Papo de Alexandria fornece mais detalhes da personalidade de Euclides e dá a entender que ele não tolerava espertinhos. Papo relata um episódio em que Euclides lecionava quando um aluno perguntou o que ganharia estudando Geometria. O professor instantaneamente chamou um servo e pediu que desse uma moeda ao pupilo, afirmando: "Aquele lá precisa lucrar com o que aprende". Muito fofo, só que não.

Outra grande mente que saiu de Atenas e foi parar em Alexandria foi Aristóteles (384-322 a.C.), discípulo de Platão que tinha realizado a difícil tarefa de eclipsar a fama de seu mestre ao se tornar professor de Alexandre, o Grande (356-323 a.C.). Sua principal contribuição para a matemática foi nada mais nada menos do que sistematizar a lógica na obra *Organon*. Por exemplo, se hoje você consegue entender que, se todos os cachorros gostam de petiscos e que se Toby, o shih-tzu fedorento da sua vizinha, é um cachorro, logo o Toby gosta de petiscos, agradeça a Aristóteles.

O objetivo de Aristóteles não era escrever uma enciclopédia com todos os fatos do Universo, mas dar a seus leitores ferramentas para que eles próprios pudessem analisar o mundo que os cercava. O exemplo do Toby é um *silogismo* e funciona sempre com três passos, um particular e dois universais. Por mais parecido com todos os shih-tzus do mundo que ele possa ser, Toby é um cachorro único; portanto, é particular. Cachorro e petiscos são universais.

Não é difícil compreender como silogismos podem ser usados na matemática. Por exemplo, 27, um número em particular, é múltiplo de 3, um grupo que contém infinitos números. Se você somar os dígitos de qualquer múltiplo de 3, o resultado será outro múltiplo de 3. Logo, se você somar 2 + 7, terá como resultado 9, um múltiplo de 3. Esse exemplo é simples, mas demonstra como essa lógica pode evoluir até o cálculo de funções.

Por conta desse grande avanço, Aristóteles ficou conhecido como "O Filósofo" (isso mesmo, com letra maiúscula), e fundou uma academia de grande renome depois ter concluído a educação do jovem Alexandre. Ao sair de Alexandria, ele fundou seu Liceu em Atenas, em 335 a.C., e reuniu os chamados peripatéticos. Você pode até rir do nome, mas em grego a palavra significa algo como "nômade", e foi escolhida pelo hábito de se realizar as aulas ao ar livre.

Durante esse tempo, Aristóteles inventou um enigma que atormentou matemáticos por séculos: o paradoxo da roda. Imagine uma roda pequena sobre uma roda maior, como dois círculos concêntricos. Então, considere que para cada ponto do círculo maior há um ponto correspondente no círculo menor, e vice-versa.

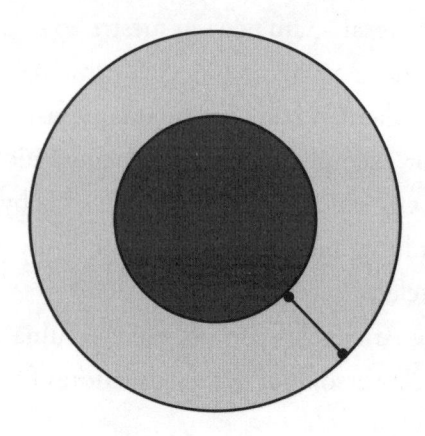

Agora, imagine haver uma reta sob a roda menor e outra sob a roda maior. Se os pontos das duas rodas forem correspondentes, é de se esperar que elas percorram a mesma distância quando giradas sobre as retas. Mas isso não acontece. Demorou séculos até que Georg Cantor (1845-1918) provasse que não é porque dois pontos de duas curvas são correspondentes que suas curvas precisam ter o mesmo comprimento.

O movimento fascinava Aristóteles, que escreveu sobre ele em seus tratados *Física* e *Geração e corrupção*. O filósofo separou as mudanças de estado em três categorias: mudanças de quantidade (crescimento e diminuição), de espaço (locomoção) e de qualidade (alterações). Qualquer um que tenha estudado matemática, química e física deve imaginar como essas afirmações alteraram os rumos da ciência.

Além de seu interesse em exatas, "O Filósofo" estudou geologia, zoologia e até mesmo psicologia, pois tinha fascinação por sonhos. Ele desenvolveu uma teoria sobre esses devaneios noturnos que remete ao que a ciência diz sobre esses fenômenos hoje. Aristóteles afirmava que sonhar é como olhar para as ondas do mar por muito tempo e depois voltar o olhar para outra coisa, a qual irá parecer ter o mesmo movimento das ondas, dado que nossa mente se acostumou com a primeira visão e a reproduz na segunda. Para o pensador, os sonhos tinham o mesmo efeito: a mente reproduzia o que tinha captado durante o dia.

Seria de se esperar que o tempo em que Aristóteles passou com Alexandre, o Grande, fosse ricamente documentado, mas pouco se sabe sobre os anos em que o filósofo teve o conquistador como pupilo. No entanto, seu envolvimento com Alexandre acabou tendo relação direta com a morte do imperador. Por sua relação próxima com os persas, Aristóteles virou alvo da suspeita de alguns nobres. Teve gente que disse que o professor havia conseguido o veneno que causou a morte do pupilo, mas ninguém conseguiu provar essa história até hoje.

De qualquer maneira, a morte de Alexandre, o Grande, em 323 a.C., gerou uma revolta contra a invasão da Macedônia em Atenas, e Aristóteles passou a temer que atenienses tentassem matá-lo, então se mudou para a casa da mãe na ilha grega de Cálcis. Antes de morrer, Aristóteles afirmou que não permitiria que os atenienses pecassem duas vezes contra a ciência, referindo-se à morte de Sócrates. No entanto, provavelmente devido ao estresse, ele acabou falecendo de causas naturais naquele mesmo ano.

Em 150 d.C., apareceu um novo gênio na Universidade de Alexandria. Parece que esse era o *point* da galera dos livros naquela época... Cláudio Ptolomeu escreveu diversos tratados sobre geografia, astronomia, astrologia e, claro, matemática. Sua obra mais importante é conhecida como *Almagesto*, embora o nome original seja *Coleção matemática*. Acredita-se que ela passou a ser chamada assim por sua importância na época: "*He megiste*" significa "a maior", ou "majestade", em grego. Até hoje, essa obra é considerada um dos livros mais revolucionários da ciência, reunindo conhecimentos sobre geometria, trigonometria e astronomia.

A majestade não está apenas na obra, mas também no próprio sangue de Ptolomeu. Alguns séculos depois de sua morte, um astrônomo chamado Abu Ma'Shar afirmou que nosso amigo era descendente de reis egípcios. No entanto, há poucas evidências que confirmam essa afirmação, a não ser o próprio nome do matemático. Veja só, naquela época o nome Ptolomeu era tão comum quanto Enzo e Valentina são nesta década, especialmente entre os mais ricos e próximos de Alexandre, o Grande. Em meados de 300 a.C., teve até um sujeito chamado Ptolomeu I que se proclamou rei do Egito, tendo sido seguido por uma série de reis egípcios de origem grega. Seu sucessor foi Ptolomeu II, cujo sucessor foi Ptolomeu III, e assim por diante. Ma'Shar afirma que o nosso Ptolomeu era um dos dez Ptolomeus da realeza que comandaram o Egito e o chama de "Ptolomeu, o Sábio".

O primeiro nome de Ptolomeu, no entanto, indica que ele era um cidadão romano. Muitas vezes, helênicos adotavam primeiros nomes como Cláudio para obter privilégios, como um descontinho nos impostos. Apesar de ter o nome e a cidadania romanos, Ptolomeu deve ter origens egípcias ou gregas. E, muito cosmopolita, ele usou dados babilônicos para escrever textos sobre astronomia e astrologia, inclusive usando um sistema numérico de base 60.

Em *Almagesto*, Ptolomeu reuniu mais de 800 anos de observações astronômicas, sendo capaz de listar 48 constelações diferentes. No entanto, explicou o movimento dos planetas e das estrelas sob perspectiva geocêntrica, ou seja, em que a Terra estava no centro do Universo e os corpos celestes giravam ao seu redor. Desse modo, sua obra, um best-seller da época que foi traduzido para o latim e reproduzido por séculos, tornou-se uma das bases da Igreja para defender a crença católica de que o planeta Terra estava no centro de tudo, teoria que seria contestada por Copérnico somente no século XV.

Talvez a Igreja não soubesse que Ptolomeu acreditava ferrenhamente na astrologia, o que pode parecer um pouco controverso. Ele também é o autor de *Tetrabiblos*, obra considerada a bíblia de místicos durante muitos séculos e que era nada mais nada menos do que um manual para relacionar o movimento dos astros com acontecimentos da vida das pessoas. O livro não continha previsões, mas explicava como o temido Mercúrio retrógrado pode interferir na sua vida social, por exemplo.

Alexandria também foi a casa de Hipátia, a primeira matemática de que se tem registro. Não foi por acaso que ela seguiu o caminho dos números e do conhecimento. Hipátia era filha de Téon, um professor que ensinava Matemática, Astronomia e Filosofia na cidade dos sábios. Desde pequena, ele a submeteu a um rigoroso sistema que intercalava os estudos com atividade física por acreditar na máxima "mente sã, corpo são".

Quando cresceu, Hipátia foi enviada para Atenas, onde aprendeu as ideias de Platão e Aristóteles. Ela retornou para sua cidade natal por volta de 400 d.C. e foi nomeada a diretora da escola neoplatônica local, onde ensinava Astronomia, Filosofia e Matemática. Durante esse período, sabe-se que ela desenvolveu estudos sobre álgebra, revisando publicações de antigos matemáticos, e concebeu instrumentos usados até hoje, como o hidrômetro. Como diretora, era conhecida por aceitar estudantes de diferentes origens e religiões, como cristãos, judeus e pagãos, o que certamente não era visto com bons olhos por governantes cristãos, já que eram frequentes os conflitos com aqueles que insistiam em praticar a antiga religião helenística.

Historiadores, influenciados por sua época e origem, divergem ao descrever o tipo de personalidade de Hipátia. Há aqueles, como o bispo egípcio João de Nikiu, que afirmam que ela praticava o paganismo e se dedicava à magia com seus diversos instrumentos de música e aparatos exóticos (como um astrolábio). O encanto que Hipátia exercia sobre as pessoas "era de origem satânica", escreveu João há duzentos anos. Já um historiador contemporâneo à Hipátia, chamado Sócrates de Constantinopla, descreve a matemática como uma mulher segura de si, consequência de sua educação elevada, e que não tinha constrangimento de circular entre os homens. Estes, por sua vez, admiravam-na por sua virtude.

Uma coisa é certa. Desde o tempo em que era a diretora da escola neoplatônica, as opiniões sobre Hipátia divergem. Em certo momento, as pessoas começaram a questionar o motivo de a professora não ser casada. Ela respondia que seu matrimônio era com a verdade, e por isso nenhum homem poderia lhe interessar. Há uma lenda de que a cientista rejeitou um pretendente mostrando a ele panos com sua menstruação, em uma tentativa de convencê-lo de que não há nada "bonito" no desejo sexual. Claro que o comportamento levantava suspeitas entre os poderosos da época, cristãos fervorosos que tinham como missão pessoal banir toda forma de heresia.

Em 412 d.C., um sujeito chamado Cirilo foi nomeado patriarca de Alexandria, título similar ao de um bispo, apoiado pela Igreja. Durante seu comando, aumentaram os conflitos religiosos e a cidade tornou-se muito violenta. Em um episódio, judeus teriam avisado que uma igreja estava pegando fogo durante a noite e os cristãos, quando saíram de suas casas para apagar as chamas, foram assassinados.

Depois do massacre, Cirilo ordenou que os judeus da cidade fossem expulsos e suas posses, confiscadas.

Orestes, o prefeito da cidade, era cristão, porém mais tolerante com outros costumes. Rompeu relações com Cirilo depois de suas orientações aos fiéis, chegando a escrever para o imperador sobre as atitudes do clérigo, que estimulavam a violência por todos os lados. Orestes também era amigo de Hipátia, com a qual se aconselhava – o que, no fim das contas, ocasionou a morte da professora.

Cirilo tentou voltar às graças de Orestes, inclusive mostrando a ele o evangelho cristão. O prefeito rejeitou todas as tentativas de aproximação. Então, começou a correr o boato de que Orestes não queria saber de Cirilo porque a misteriosa filósofa que não era casada e parecia ter "instrumentos e conhecimentos mágicos" havia dito ao prefeito para não perdoar o patriarca.

Ao ouvir essa história, 500 monges que viviam em montanhas próximas decidiram intervir a favor de Cirilo. Eles foram até Alexandria e atacaram a carruagem de Orestes, chegando a ferir o prefeito na cabeça. Orestes, no entanto, foi salvo por um grupo de cidadãos. Então, cristãos atiçados pelos monges foram até a casa de Hipátia para matá-la, afinal, aquela "bruxa" era o motivo de todo o conflito.

Hipátia foi capturada e arrastada pela cidade até uma igreja. Lá, foi despida e apedrejada. Enquanto ainda estava viva, sua carne foi arrancada dos membros. Quando finalmente morreu, seu corpo foi despedaçado e jogado em uma fogueira.

Uma outra versão para a morte de Hipátia diz que suas teorias astronômicas, questionadoras do movimento dos planetas, teriam irritado líderes religiosos e culminado em seu assassinato. Uma coisa é certa: infelizmente, nenhum trabalho original de Hipátia sobreviveu. Sabemos de sua contribuição à ciência por citações em outras obras.

♠ CAPÍTULO 7 ♠
Eureka é meu pi: quando um matemático correu pelas ruas peladão

Por volta de 2000 a.C., os babilônios perceberam que a circunferência – isto é, o comprimento da linha que delimita o círculo – é sempre aproximadamente o triplo do tamanho do diâmetro do círculo. O diâmetro é comprimento da reta entre os dois pontos mais extremos entre si do círculo, passando pelo centro. Mas foi somente por volta de 250 a.C. que um sujeito italiano chamado Arquimedes de Siracusa (288-212 a.C.) criou a teoria matemática do π (pi).

O π é a razão entre o perímetro da circunferência e o seu diâmetro. Mas não é só isso: o π também serve para determinar a área de um círculo por meio da fórmula πr^2, em que r é o raio da circunferência, ou seja, a distância do centro até qualquer ponto do perímetro – ou "borda" – do círculo.

Arquimedes chegou a essa conclusão por meio de um método complicado e, nada ironicamente, chamado "método da exaustão". É uma forma similar ao cálculo de integrais que entrega respostas aproximadas para diversos tipos de problema. No caso, Arquimedes desenhou um polígono dentro de um círculo e outro fora e percebeu que quanto mais lados os polígonos tinham, mais eles se aproximavam da forma circular. Ao chegar em um polígono de 96 lados, ele achou que a aproximação estava de bom tamanho e calculou o comprimento das arestas, obtendo um valor entre 3,1408 e 3,1429. Hoje, o valor considerado de π é 3,1416, isso porque nunca saberemos qual é seu valor exato.

Em 1768, um matemático chamado Johann Lambert (1728-1777) provou que π é um número irracional, uma vez que se expande infinitamente e sua ordem de números não pode ser prevista. Ou seja, se você se deparar com alguém que se orgulha de declamar dezenas de dígitos de π, pode elogiá-lo, pois é um trabalho de memorização monstruoso.

Ferdinand von Lindemann (1852-1939) foi mais além e mostrou que π é o que chamamos de "transcendental", ou seja, ele não pode ser a solução de uma equação que envolva apenas potências de x. Desse modo, o matemático alemão também resolveu um problema que atormentava estudiosos por séculos: a quadratura do círculo. Durante muitos anos, grandes pensadores tentaram construir um quadrado da mesma área de um círculo usando apenas uma régua e compassos. Ao mostrar que π é transcendental, Lindemann provou que isso era impossível – e, hoje, ninguém mais perde tempo com isso.

Mas os matemáticos continuaram fascinados pelo π. Em 1949, o computador ENIAC (pioneiro computador eletrônico digital de uso geral) foi o primeiro a estipular as 2.037 casas decimais do número. Em 2013, um sistema de 24 computadores da Santa Clara University, nos Estados Unidos, chegou a 8.000.000.000.000.000 (8 quatrilhões) de decimais.

Para que servem tantos dígitos? Certamente, não para suas provas de escola, que normalmente usam o valor convencionado de 3,14. Hoje, eles são usados justamente para testar os limites dos computadores.

De volta a Arquimedes, talvez você o conheça pela lenda que deu fama à palavra "*Eureka!*". O responsável por espalhar essa história foi o escritor romano Vitrúvio, que afirmou que o rei Hieron havia encomendado uma coroa de ouro maciço. Quando a "comprinha" chegou, o rei ficou levemente desconfiado de ter sido tapeado pelo joalheiro e encarregou o homem mais sábio do reino, Arquimedes, de descobrir se o acessório era de ouro puro ou se algum outro metal havia sido misturado à liga para que o ourives tivesse um lucro ilícito. Claro que a condição básica para esse *freelance* era que Arquimedes não danificasse a belíssima, porém de valor questionável, coroa. Portanto, derreter a joia estava fora de questão.

Arquimedes estava matutando sobre esse problema enquanto tomava um relaxante banho de banheira. Ao olhar para a maneira como a água subia quando ele mergulhava, ele percebeu que poderia medir a quantidade de água deslocada ao submergir qualquer objeto, inclusive a coroa suspeita. Depois, ele poderia pesar a coroa e calcular a sua densidade, cujo valor poderia ser comparado com a densidade já conhecida do ouro.

Arquimedes teria ficado tão empolgado com sua descoberta que teria saído do banho diretamente para as ruas gritando "*Eureka!*" (que, em grego, significa "Achei!"), sem perceber que estava sem roupas e pagando um mico daqueles. Desde então, "*Eureka!*" se tornou um bordão para os cientistas da ficção.

E, caso você esteja se perguntando, a experiência da coroa foi um sucesso, mas não para o joalheiro: Arquimedes provou que a joia havia sido adulterada com uma boa carga de prata.

Depois dessa história, você deve até imaginar que Arquimedes não era um cara muito modesto (haja autoconfiança para sair peladão na rua). Pois não era mesmo. Ele se gabava de conseguir escrever um número que seria maior do que "os grãos de areia necessários para preencher o Universo". Para isso, ele trabalhou com potências de uma miríade, que são, basicamente, potências de 10. O matemático estimou que o Universo poderia conter 8×10^{63} grãos de areia. Acredite se quiser, essa aproximação condiz com o tamanho estimado por astrofísicos hoje.

Mas, antes de pensar em querer ser o melhor amigo de Arquimedes, saiba que aquela cabeça genial nem sempre pensou apenas em números belíssimos. Ele também é famoso por usar seus conhecimentos na criação de armas de guerra, como catapultas, e do especialmente cruel "espelho ardente", um grande espelho côncavo que concentrava o reflexo solar em um raio direcionado a embarcações inimigas. Com isso, os romanos que tentavam invadir os territórios gregos viravam churrasquinho.

Em 1973, a experiência foi replicada usando 70 espelhos planos dispostos em um semicírculo, atuando como um grande espelho convergente. Os espelhos foram voltados para uma embarcação a 50 metros da costa. Em poucos minutos, o barco estava em chamas. No entanto, em 2004, o programa de televisão *Caçadores de mitos* tentou fazer a mesma coisa sem sucesso, e os apresentadores afirmaram que a eficácia da arma de Arquimedes não passava de uma lenda. No ano seguinte, um grupo de estudantes desafiou os "caçadores" ao afirmar que conseguiria fazer a arma funcionar. Contudo, apesar de conseguirem fazer sair fumaça de uma embarcação, eles precisavam que o barco ficasse imóvel e não houvesse uma nuvem sequer, o que faz a ideia do gênio de Siracusa ser, no mínimo, questionada. Afinal, que embarcação de guerra ficaria parada por tanto tempo se sua tripulação percebesse que estavam sendo atacados? E que tipo de arma só funciona com um céu limpo, sem nuvens? Talvez a arma tenha sido usada não para queimar barcos, mas para ofuscar a visão dos inimigos.

Em 212 a.C., durante a Guerra Púnica (entre Roma e Cartago), o rei de Siracusa tomou o lado de Cartago e ofereceu aos cartagineses o conhecimento de seu mais confiável sábio: as catapultas projetadas por Arquimedes dizimaram uma centena de soldados romanos de um general chamado Marcelo durante uma tentativa de invasão. Com desejo de vingança, Marcelo planejou invadir Siracusa em meio a uma festa dedicada à deusa Diana. Um soldado conseguiu chegar até Arquimedes, que estava completamente absorto na resolução de um problema. O soldado ordenou que o sábio o acompanhasse até Marcelo. Ao se recusar a sair do lugar enquanto não resolvesse o enigma, Arquimedes teria sido golpeado e morto pelo soldado, indignado. Outra versão diz que o soldado nem chegou a pedir que Arquimedes fosse encontrar Marcelo, mas que o matemático solicitou ao inimigo ter paciência antes de matá-lo, para que ele conseguisse resolver o problema no qual trabalhava antes de partir desta para a melhor.

Marcelo deu a Arquimedes o que teria sido seu último desejo: ser enterrado sob o desenho de um cilindro com uma esfera inscrita em seu interior. Com todas as guerras que aconteceram no território de Siracusa desde então, o jazigo do sábio permaneceu desconhecido até 1965. Durante obras para a fundação de um hotel, encontrou-se o que pode ser o túmulo de Arquimedes, devidamente marcado pelos símbolos geométricos.

Não foi apenas o túmulo de Arquimedes que ficou perdido durante muitos séculos; sua própria obra correu o risco de ser esquecida. Estima-se que uma das últimas cópias "antigas" de seus manuscritos tenha sido feita no século X, e seu nome quase foi esquecido pelos séculos seguintes. Em meados de 1200, um monge ficou sem pergaminhos e, como era costume naquela época, resolveu reaproveitar uns papéis que encontrou perdidos por aí, cheios de cálculos. Sim, você adivinhou: eram as cópias sobreviventes dos trabalhos de Arquimedes.

Mas o monge não se deu conta do que tinha em mãos (ou não se importou) e raspou todo o conteúdo do manuscrito para escrever orações por cima. Foi somente em 1906, em Constantinopla, que um historiador chamado Johan Heiberg (1854-1928), especialista em cultura grega, encontrou o documento e percebeu que por baixo dos textos religiosos havia *O método*, uma das obras mais importantes da humanidade, na qual Arquimedes demonstra o cálculo do volume de uma esfera por meio de uma abordagem pra lá de diferente: ele imaginava uma balança na qual equilibrava uma esfera e um cone de um lado e um cilindro do outro (lembra do túmulo de Arquimedes?). Como a fórmula para determinar o volume do cone e do cilindro já era conhecida, restava usar esses dados para calcular a parte da esfera.

Todo o conhecimento ocultado pelos textos religiosos foi revelado apenas em 1998, quando o documento foi vendido por 2 milhões de dólares para um comprador anônimo e, posteriormente, doado para um museu em Baltimore, nos Estados Unidos, onde foram usadas técnicas avançadas para revelar o manuscrito desconhecido de Arquimedes. *Eureka!*

♠ CAPÍTULO 8 ♠
Nerd até a morte

Um dos melhores amigos de Arquimedes era Eratóstenes (276-194 a.C.), com o qual o cientista de Siracusa se correspondia regularmente para falar de suas invenções e teorias. O que fazia sentido, porque Eratóstenes era o típico CDF, inteligente (e insuportável) o suficiente para aguentar as conversas de Arquimedes. Além de matemática, os interesses de Eratóstenes incluíam a filosofia e (atenção) a gramática, como se um desses tópicos já não fosse cabeçudo o suficiente. Como bom nerd que era, ele passou a vida tentando se tornar o melhor em praticamente todas as áreas do conhecimento.

Eratóstenes nasceu em Cirene, na África, e mudou-se para Atenas para estudar. Lá, ele mergulhou nos ensinamentos da escola platônica, escreveu muitos poemas e tornou-se um dos primeiros historiadores a estabelecer datas precisas para acontecimentos importantes. Mas, enquanto realizava esses importantes trabalhos, ele era vítima do *bullying* de seus colegas. E quando você é zoado por filósofos e poetas, sabe que há algo de errado. Eratóstenes era chamado de Beta por sempre ficar em segundo lugar, assim como a segunda letra do alfabeto grego.

Dá para imaginar que, um dia, cansado das bobagens dos colegas, Eratóstenes olhou para o horizonte e pensou: *Eles vão ver só uma coisa...* Então, ele passou a se dedicar à matemática e à astronomia e criou a chamada esfera armilar, um modelo de anéis esféricos centrados na Terra ou no Sol que ajudam a calcular o movimento dos astros. Eratóstenes também se interessava pela matemática "pura", tendo criado um algoritmo capaz de facilitar a contagem de números primos (aqueles divisíveis somente por eles mesmos e pelo número 1). Esse método foi batizado de Crivo de Eratóstenes, nem um pouco modesto.

O crivo é relativamente simples. Primeiro, é necessário estabelecer um número limite para saber quantos números primos aparecem até esse número. Vamos escolher, por exemplo, o número 50. Deve-se determinar a raiz quadrada desse número e arredondá-la para baixo. Bem, a raiz quadrada de 50 é aproximadamente 7,07, que arredondada para baixo dá 7. Então, todos os números de 2 até 50 são listados em uma tabela, como apresentado a seguir:

2	3	4	5	6	7	8	9	10
11	12	13	14	15	16	17	18	19	20
21	22	23	24	25	26	27	28	29	30
31	32	33	34	35	36	37	38	39	40
41	42	43	44	45	46	47	48	49	50

O próximo passo é encontrar os primeiros números primos da lista e remover seus múltiplos. Nesse caso, 2, 3, 5 e 7. Mantenha-os intactos e marque aqueles que são o produto de alguma multiplicação com esses dígitos, verificando-os em ordem.

2	3	**4**	5	**6**	7	**8**	**9**	**10**
11	**12**	13	**14**	**15**	**16**	17	**18**	19	**20**
21	**22**	23	**24**	**25**	**26**	**27**	**28**	29	**30**
31	**32**	**33**	**34**	**35**	**36**	37	**38**	**39**	**40**
41	**42**	43	**44**	**45**	**46**	47	**48**	**49**	**50**

Ao selecionar os números que não foram marcados, temos a lista de números primos até 50: 2, 3, 5, 7, 11, 13, 17, 19, 23, 29, 31, 37, 41, 43 e 47. Pode não parecer um método revolucionário, mas é extremamente simples e prático, ainda mais se trabalharmos com quantidades maiores de 50.

Apesar da simplicidade genial do Crivo de Eratóstenes, o feito mais conhecido do nosso amigo Beta foi um pouco maior (literalmente). Eratóstenes é considerado o primeiro cientista a ter medido a circunferência da Terra. Para fazer isso, ele não precisou sair do planeta ou atravessar um meridiano. Ele ficou sabendo que, durante o solstício de verão, ao meio-dia, um novo templo construído na cidade egípcia de Siene não fazia sombra. Ou seja, o Sol encontrava-se diretamente acima da sua cabeça.

No solstício seguinte, ao meio-dia, Eratóstenes, que estava em Alexandria, mediu o ângulo de elevação do Sol usando uma vara. O ângulo foi de 7°. Então, ele relacionou essa informação com a distância entre Alexandria e Siene, algo em torno de 5 mil estádios (uma medida grega que equivalia a 600 pés de Hércules; hoje, cada estádio equivale a 182 metros). Ao arredondar os cálculos, Eratóstenes chegou a 44.100 km, uma diferença de quase 10% do valor aceito hoje: 40.475 km. Considerando as ferramentas primitivas usadas pelo amigo Beta, essa diferença pode ser considerada um erro bastante honesto.

Os cálculos de Eratóstenes seriam estudados por um tal de Cristóvão Colombo muitos séculos depois. Colombo, no entanto, escolheu acreditar no mapa de um italiano chamado Toscanelli, que afirmava que a circunferência da Terra era um terço menor da estimada por Eratóstenes. Desse modo, o navegador italiano saiu por aí achando que chegaria às Índias, mas encontrou a América. Se tivesse confiado mais nos estudos de Eratóstenes, talvez Colombo tivesse feito outro caminho, e o mundo seria diferente do que conhecemos hoje.

Mas Eratóstenes nem sempre acertava. Ele tentou usar o mesmo método para calcular a circunferência do Sol e falhou miseravelmente. Segundo seus escritos, o Sol teria uma circunferência 27 vezes maior do que a Terra. Hoje, sabemos que o número está mais para 109 vezes (um pouquinho mais do que a colher de chá de 10% dada na medida da circunferência da Terra).

Outra contribuição do moço foi usar seus conhecimentos sobre o movimento dos astros para determinar com precisão o ciclo da Terra ao redor do Sol. Eratóstenes foi o primeiro a afirmar que o ano deveria ser dividido em 365 dias e que, a cada quatro anos consecutivos, deveria ser acrescentado um dia "extra", formando o ano bissexto, de 366 dias.

Eratóstenes se tornou o chefe da famosa Biblioteca de Alexandria e deixou de ser conhecido como Beta para ser chamado de Pentatlos. Sim, é uma referência a atletas que se davam bem em mais de uma modalidade. Contudo, não tinha nada a ver com o desempenho físico do matemático, era um elogio por ele ser um craque em diferentes áreas da ciência.

Outro grande nerd da turma de Alexandria foi Diofanto, considerado um dos pais da álgebra. E, entre os outros nerds da época, talvez ele fosse um dos maiores, já que ficou conhecido por criar problemas para ele mesmo resolver. Cada um com seu *hobby*, certo? Alguns desses problemas, chamados equações e aproximações diofantinas, continuam sendo estudados até hoje.

Sua obra mais importante, *Aritmética* (palavra que, em grego, significa "ciência dos números"), era dividida em 13 livros, mas restaram somente seis. O maior mérito da obra foi ter sido pioneira da Teoria dos Números, um ramo da matemática pura dedicado ao estudo de números primos e inteiros. Nos livros, há uma verdadeira coleção de problemas (130, para ser exato) envolvendo equações de primeiro, segundo e terceiro graus. Alguns desses problemas não tinham apenas uma solução, sendo classificados até hoje como equações diofantinas. O desafio é achar números inteiros que funcionem para as relações. Por exemplo: $2x + 3y = 17$, em que x pode ser 4 e y pode ser 3; mas x também pode ser 7 e y pode ser 1.

Diofanto também foi o responsável por estabelecer símbolos para facilitar as operações. Portanto, se hoje escrevemos "4 + 2 = 6", e não "4 adicionado a 2 equivale a 6", devemos agradecer a ele. Claro que essa é uma operação extremamente simples, que não reflete toda a conveniência de usar abreviações durante cálculos.

Doze séculos depois de ser escrita, *Aritmética* acabou indo parar nas mãos de um matemático alemão conhecido como Regiomontanus (1436-1476), que a traduziu para seu idioma. Depois, uma cópia dessa tradução chegou a um francês chamado Pierre de Fermat (1607-1665), que encheu a borda das páginas com anotações peculiares. Uma delas dizia que as ideias de Diofanto haviam lhe inspirado com uma proposição "maravilhosa demais para ser contida por aquelas margens".

Pouco se sabe sobre a vida particular de Diofanto. No entanto, sabe-se que, antes de passar desta para a melhor, ele pediu que a sua paixão por problemas e enigmas fosse retratada em seu túmulo, no qual ele deixou um epitáfio com o seguinte enigma:

Aqui jaz Diofanto, contemple a maravilha,
Por meio da arte algébrica, a pedra mostra sua idade:
"Deus deu a ele um sexto de vida na infância,
Um duodécimo como adolescente, enquanto cresciam bigodes;
E, ainda, um sétimo antes de iniciar o casamento;
Em cinco anos, chegou um belo filho.
Ah! Querida criança do mestre e sábio,
Depois de alcançar metade da idade que viveu seu pai, o destino frio o levou.
Após consolar-se por quatro anos com a ciência dos números,
ele terminou sua vida".

Você consegue dizer quantos anos Diofanto viveu?

A equação descrita no poema pode ser expressa da seguinte maneira:

$$x = x/6 + x/12 + x/7 + 5 + x/2 + 4$$

A resposta é 84. Apesar de se conhecer pouco sobre a vida de Diofanto, graças à sua paixão por aritmética, sabemos quantos anos ele tinha quando morreu.

Parte 3

MORTES MEDONHAS NA IDADE DAS TREVAS

Como a matemática estacionou na Europa, enquanto cientistas estavam a serviço de Deus, e floresceu no Oriente

♠ CAPÍTULO 1 ♠
Como o inocente 666 virou o número da besta

O cristianismo tornou-se a religião oficial do Império Romano por meio do Édito de Tessalônica, decretado pelo imperador Teodósio I (347-395 d.C.) em 380 d.C. A transição entre a fé romana em deuses de aparência humana até a aceitação de um deus invisível e único não foi fácil. Demorou muito tempo até que uma religião fosse diminuída para dar lugar à outra. Apesar de tudo, até hoje sentimos a influência do politeísmo ancestral.

Na Roma Antiga, muita gente achava que números eram algo mágico e sobrenatural. (Há, inclusive, quem ache isso até hoje, como aqueles que evitam sentar na fileira 13 do avião ou preferem subir até o 12º andar de elevador e subir andando mais um lance de escadas.) Logo que o Édito de Tessalônica foi publicado, a moda em Roma era usar de amuleto um quadrado mágico com seis espaços preenchidos por seis números de cada lado, de 1 a 36. A ideia era que os números dispostos ali estivessem ordenados de tal forma que toda fila, coluna ou diagonal somasse 111. Desse modo, a soma final era 666. Só que a moda matemática não foi bem-vista pelos cristãos, que tratavam com desconfiança qualquer tipo de misticismo que não partisse da própria Igreja Católica.

No livro do Apocalipse (13:18), na Bíblia, consta o seguinte trecho: "Aquele que tem entendimento, calcule o número da besta, porque é o número de um homem; e o seu número é seiscentos e sessenta e seis". Toda essa parte da Bíblia é um prato cheio para quem gosta de simbologia. Fala-se sobre três figuras: o profeta, o dragão e a besta. Das bocas desses seres sairiam três espíritos semelhantes a rãs: espíritos de demônios. São várias as associações com múltiplos de 3.

Na época do Império Romano, não era todo mundo que tinha acesso aos textos sagrados. O "número da besta" ganhou fama somente depois que as autoridades passaram a punir com morte qualquer um que aparecesse usando o amuleto do quadrado mágico, o que, para eles, era a representação literal da marca do anticristo.

Desde então, abundam associações com o número 666. O primeiro a ser considerado o anticristo por conta da combinação numérica foi Nero, pois o cálculo numerológico do seu nome em hebraico resultaria em 666. De fato, Nero foi um tirano, sendo conhecido pela perseguição e execução de cristãos durante seu império, de 54 a 68 d.C.

O número "maldito" também aparece nas previsões de Nostradamus (1503-1566), um alquimista francês famoso por sua suposta vidência. Como suas profecias são levadas a sério até hoje por algumas pessoas, o número 666 continua sendo temido. A fabricante de computadores Intel, por exemplo, ao fabricar seu Pentium III 666 Mhz, preferiu comercializá-lo sob o nome Pentium 667.

Existe até uma fobia específica para quem tem pavor do número 666: hexacosioi-hexeconta-hexafobia, ou seja, "medo de 600, 60 e 6". Mas toda a fama do número 666 pode ser uma tremenda injustiça.

Muitos teóricos acreditam que o verdadeiro número da besta descrito na Bíblia é 616, que aparece em um dos manuscritos mais antigos que deram origem ao livro ao qual se tem acesso hoje, o *Codex Ephraemi Rescriptus*. Outro manuscrito, descoberto por pesquisadores de Oxford em 2005 e datado de 1.700 anos atrás, também aponta 616 como o número da besta. Enquanto alguns pesquisadores acreditam que o 666 tenha sido escolhido por ser mais sonoro e análogo ao número associado a Jesus pelos gregos (888), há uma teoria que retoma a história do nome do tirano Nero. Para que o nome de Nero "some" 666, deve-se considerar seu nome na grafia hebraica. No entanto, ao se considerar a grafia em latim, a soma é 616. De qualquer maneira, parece que o número foi criado com o personagem em mente, e não o contrário.

Parece haver uma clara tendência do ser humano em atribuir significados a números, como é o caso da numerologia. Portanto, não é de se espantar que 666 não tenha sido o único número a ser demonizado. Os pitagóricos, como já vimos em capítulos anteriores, não reconheciam números negativos ou irracionais por considerarem que eles manchavam sua matemática perfeita (e isso causava problemas até mesmo no teorema de Pitágoras). Na Europa renascentista, os números negativos não foram reconhecidos, apesar de terem sido introduzidos por matemáticos do Oriente pelo comércio, como maneira de calcular débitos.

Outro número que causa arrepios é o 13, cuja fobia é chamada triscaidecafobia. O primeiro registro que se tem da associação do número 13 a algo negativo é de quando o imperador Filipe II, da Macedônia, fez 12 estátuas representando os deuses do Olimpo e uma 13ª de si próprio, colocando-se no patamar divino. Logo depois, ele foi assassinado.

Em 1307, o rei da França mandou prender os Cavaleiros Templários (uma ordem militar e religiosa que atuou durante as Cruzadas) e queimá-los. O dia era justamente uma sexta-feira 13. Além disso, na Última Ceia havia 13 pessoas à mesa: Jesus e os 12 apóstolos, com os quais o pão foi compartilhado. Por fim, no tarô, a carta da morte contém o número 13.

Há exemplos mais recentes de números "proibidos". Na China, é ilegal usar a data do massacre da praça Tiananmen (8.964, remetendo ao dia 4 de junho de 1989), a não ser dentro de uma sequência normal de contagem, precedido do 8.963 e seguido pelo 8.965. E no Brasil, lamentavelmente, ainda há uma rejeição homofóbica ao número 24, que representava o veado no jogo do bicho. Acredite se quiser, entre 2014 e 2015, o gabinete de número 24 no Senado foi "extinto", a numeração das salas passando a ser: 23, 26 e 25.

♠ CAPÍTULO 2 ♠
Tartarugas mágicas e lágrimas na matemática oriental

A morte de Hipátia é um grande marco na história do conhecimento humano, muitos historiadores chegando a considerá-la o declínio da sociedade intelectual de Alexandria. Com o crescimento do Império Romano, também se iniciou um período de menor avanço na matemática ocidental. Apesar de os romanos terem sido responsáveis por grandes obras arquitetônicas, a busca por novas explicações ou ideias acerca da teoria matemática não interessava a eles. O cristianismo logo ascendeu dentro do Império Romano, dando início a uma era de fanatismo e menor produção científica que se estenderia pela Idade Média. Escolas filosóficas foram fechadas, incluindo a Academia de Platão, em Atenas, sob as ordens do imperador Justiniano, em 527 d.C., o qual julgava o tipo de conhecimento produzido na escola "muito pagão".

Do outro lado do mundo, a história era diferente. Sementes do conhecimento grego viajaram até o Oriente e floresceram em uma considerável produção científica. O que não quer dizer, claro, que não houvesse linhas de pensamento matemático avançadas antes disso. Na China, estima-se que um dos primeiros registros de cálculos e teorias, o *Chou Pei Suan Ching*, tenha surgido em 1200 a.C. A data de criação exata desses registros é tema de discussão, já que, assim como a Bíblia, eles foram produzidos por diversos autores de diferentes períodos.

Entre os registros mais antigos da matemática chinesa, existe uma profusão de diagramas, incluindo o primeiro quadrado mágico conhecido, no qual a soma de números diferentes dispostos nas linhas, colunas ou diagonais é sempre igual. No exemplo logo a seguir, a soma é sempre 15.

4	9	2
3	5	7
8	1	6

Com o tempo, os quadrados mágicos foram ficando cada vez mais sofisticados, com mais algarismos. Hoje, é possível usar algoritmos para criar quadrados mágicos de diversos tamanhos, mas na Antiguidade e na Era Medieval esses diagramas tinham seu charme e mistério. Acreditava-se que eles tinham propriedades mágicas, sendo usados em amuletos e até mesmo na alquimia. Os chineses ficaram tão fascinados pelo mecanismo que se convenceram de que ele não poderia ter sido pensado por um ser humano. De acordo com a lenda, o quadrado mágico foi entregue a homens perto do rio Lo por uma tartaruga mágica.

Vale notar que os algarismos da época não eram os mesmos que os nossos. Os chineses usavam um sistema de numerais em barras, com símbolos para os dígitos de 1 a 10 e também para os nove primeiros múltiplos de 10. Desse modo, era possível escrever grandes quantidades. No entanto, o sistema de barras não era usado apenas na escrita. Administradores e estudiosos usavam barras de verdade (de bambu, marfim ou até de ferro) para auxiliá-los nos cálculos. Afinal, em uma época em que papel ou placas não eram tão acessíveis, era mais fácil refazer uma conta errada reorganizando as barrinhas do que apagando um cálculo. As placas são consideradas precursoras do ábaco, que também auxiliavam chineses, japoneses e árabes em cálculos por meio de um sistema de contas penduradas em cordas.

É difícil estabelecer uma linha evolutiva da matemática chinesa, porque conflitos internos resultaram em uma enorme perda de conhecimento. Em 213 a.C., por exemplo, o imperador da China ordenou que livros fossem queimados. E, apesar de alguns terem escapado, é impossível estimar o quanto se perdeu.

A cultura matemática da Índia Antiga é mais bem documentada. Você provavelmente já ouviu falar do *Kama Sutra*, um livro que descreve uma série de posições sexuais que, estima-se, teria surgido em meados de 200 d.C. Sinto desapontar, porém não vamos falar dele especificamente, mas do seu nome. Os livros de regras relacionados a rituais ou a ciências eram chamados *sutras* na Índia, e, na matemática, não era diferente. Por volta do século V, foi escrito o *Sulvasutra*, um dos mais antigos livros matemáticos indianos, cujo nome significa "regras da corda", referindo-se a matemáticos que, assim como no Egito Antigo, usavam cordas para fazer cálculos geométricos.

Depois do *Sulvasutra*, surgiu um novo tipo de tratado matemático na Índia, o *Siddhanta*. Escritos em forma de poema, eles continham análises e hipóteses astronômicas. Um deles, o *Surya Siddhanta*, é atribuído ao punho de Surya, o próprio deus do Sol.

Divina ou humana, a matemática indiana andava de mãos dadas com uma linguagem mais rebuscada. No livro *Aryabhatiya*, escrito em 499 d.C., uma simples equação é descrita da seguinte maneira: "Na regra de três, multiplica-se o fruto pelo desejo e divide-se pela medida. O resultado será o fruto do desejo". Parece até que o autor está falando de uma maçã do Éden, ou que ele andou lendo muito o *Kama Sutra*. Na verdade, o que ele quer demonstrar é simplesmente que, se $a/b = c/x$, então $x = bc/a$, em que a é a medida, b o fruto, c o desejo e x o fruto do desejo. Para que simplificar se é possível complicar, não é mesmo?

Outra curiosa anedota sobre um livro de matemática indiano diz respeito a ele, o terror das aulas de Matemática: Bhaskara. O matemático viveu na segunda metade da Idade Média, no século XII, e deixou grandes contribuições para a aritmética, incluindo seu famoso teorema. No entanto, esse cara causava dor de cabeça em quem convivia com ele, especialmente sua filha.

Fascinado por matemática em um nível místico, como tantos gênios antes dele, Bhaskara afirmava existir uma hora certa para tudo na vida, baseado no movimento dos astros. Por exemplo, se você quisesse comprar uma casa, ele faria um cálculo da configuração do céu e afirmaria que o melhor momento para realizar a compra era em uma determinada terça-feira, às 17h32, precisamente. Caso o prazo passasse ou você se adiantasse por medo de perder o negócio, lamento, mas seus planos fracassariam.

Eis que a filha do matemático resolveu casar e, claro, Bhaskara foi calcular qual seria o momento em que os astros estariam alinhados de forma a garantir uma união perfeita. Ele chegou a um resultado preciso e Lilavati, a noiva, logo ficou ansiosa. Ela planejou o *look* ideal, com um penteado cheio de pérolas no cabelo. No dia do casório, Lilavati se arrumou toda e foi esperar o momento exato do lado de um relógio de água, comum na época. Por uma ironia do destino, uma das pérolas caiu do seu cabelo e interrompeu o fluxo de água, parando o funcionamento do relógio e fazendo Lilavati perder a hora do casamento.

A noiva ficou inconsolável. Dizem que seu pai batizou seu livro de problemas aritméticos como *Lilavati* em sua homenagem, para animá-la. O quanto esse prêmio de consolação trouxe alegria à pobre moça, não sabemos, mas talvez ela não tenha ficado tão contente assim, já que daquele momento em diante estaria cheia de "problemas".

♠ CAPÍTULO 3 ♠
Crateras e restauradores de ossos

Após o declínio da sociedade intelectual de Alexandria, veio uma fase bastante sangrenta do desenvolvimento da matemática (não que, anteriormente, os matemáticos tenham brincado de ciranda e saltitado em campos floridos). Essa fase mais sombria aconteceu por conta de... deuses. Na verdade, um deus. A ascensão do monoteísmo fez com que obras e linhas de pensamento fossem consideradas pagãs e extirpadas tanto do Ocidente quanto do Oriente. Mas enquanto a produção científica tornava-se escassa na Europa ocidental, período conhecido como a Idade das Trevas, a movimentação de Maomé nos desertos orientais provocaria, inicialmente, o efeito contrário.

Abul Alcacim Maomé ibne Abdalá ibne Abdal Mutalibe ibne Haxim, ou simplesmente Maomé, é considerado pelo islã o último profeta do Deus de Abraão. Nasceu em Meca (na atual Arábia Saudita), no ano de 571 d.C., e lá começou suas pregações. Maomé morreu subitamente em 632 d.C., quando planejava expandir seu território atacando o Império Bizantino. Mas sua morte não interrompeu os planos de invasão, e seus seguidores conquistaram Damasco, Jerusalém, o vale mesopotâmico e ela, nossa velha conhecida, Alexandria.

Apesar da chegada dos seguidores islâmicos, obras científicas continuaram sendo produzidas e o conhecimento desenvolvido em Alexandria, salvo. Dizem que quando as tropas islâmicas tomaram a cidade, o general ordenou que fossem queimados todos os livros, pois, se estes estivessem de acordo com o Corão, não havia serventia para eles, e se não estivessem, seria heresia mantê-los. No entanto, isso não passa de uma lenda, tendo em vista que há, sim, registros de que boa parte da produção científica da antiga cidade sobreviveu à tomada islâmica. Por volta do século II, depois da tomada de Alexandria, a sociedade intelectual árabe começou a traduzir as obras de Euclides, Ptolomeu e grandes nomes gregos da ciência. E, nesse ponto, a influência de Maomé se revela novamente, já que o desenvolvimento da matemática pode ter sido acelerado pela necessidade de se calcular a direção e a distância de Meca, para que os muçulmanos pudessem fazer suas preces voltados para a cidade, independentemente de onde estivessem.

É nessa época que surge um sujeito cujo nome, Mohammed ibn-Musa al-Khwarizmi, pode soar familiar ao seu ouvido. Não conseguiu se lembrar de onde conhece esse cara? Aqui vai uma dica: ele se dedicou a falar sobre a arte hindu de calcular e forneceu uma explicação tão completa que as pessoas começaram a atribuir o sistema de numeração hindu (ancestral ao nosso sistema numérico atual) a ele. A notação começou a ser chamada de al-Khwarizmi, que, com uma ajudinha de sotaques diferentes, acabou virando "algarismi". Sim, nossos algarismos.

Algarismo não é a única palavra que usamos graças a al-Khwarizmi. Seu livro mais importante se chama *Al-jabr wa'l muqabalah* (*Livro da Restauração e do Balanceamento*), e é graças a ele que a Europa (e todo o mundo) veio a conhecer o termo "álgebra". E já que estamos falando de etimologia, não se sabe exatamente o que a palavra *al-jabr* significava, mas acredita-se que significasse "restauração", no sentido de trocar o lado de termos subtraídos na equação. Já *muqabalah* significaria "redução", referindo-se ao cancelamento de termos equivalentes de cada lado da equação. No livro *História da matemática*, Carl Boyer cita que a influência dos árabes era tão grande que, muito depois de seu tempo, al-Khwarizmi ainda nomeava profissões. Isso pode ser comprovado no romance *Dom Quixote*, no qual um restaurador de ossos é descrito como um "algebrista". Mas a importância de al-Khwarizmi não alcançou apenas o escritor Miguel de Cervantes. Apesar de ficar no lado oculto da Lua, uma cratera foi batizada, em 1973, com o nome do matemático persa.

Após al-Khwarizmi, o domínio islâmico testemunhou um enorme florescimento intelectual, que durou praticamente 400 anos. No entanto,

Omar Khayyam (1048-1131) e Nasir al-Din al-Tusi (1201-1274), outros grandes matemáticos da região (o segundo também homenageado com uma cratera), simbolizam o declínio da produção científica da época. A era da álgebra deu lugar aos conflitos religiosos da era fundamentalista, quando surgiu a ordem dos Ḥashāshīn, cujo nome deu origem à palavra "assassino". É possível também que a palavra tenha origem do termo "haxixe", já que há registros de que os assassinos consumiam a droga antes de matarem suas vítimas.

♠ CAPÍTULO 4 ♠
Repolhos e o incesto mágico entre coelhos

Em 529 d.C., quando o imperador romano Justiniano (428-565 d.C.) fechou as escolas filosóficas de Atenas por considerá-las pagãs, os sábios dispersaram-se pelo Oriente e muitas obras se perderam. Essa fase da história ocidental é batizada de "Idade das Trevas". Contudo, não é correto dizer que não houve desenvolvimento científico nesse período. O fato é que, durante esse tempo, a matemática se desenvolveu a serviço da Igreja Católica. Um dos símbolos de homem da ciência dessa época é o monge conhecido como "Venerável Beda", que viveu no século VII, na Inglaterra.

Acredita-se que Beda (672-753 d.C.) era de origem nobre e, sendo um dos filhos mais novos de uma proeminente família, foi enviado ao mosteiro de Monkwearmouth para ser educado. Lá, teve acesso a uma biblioteca, que fez despertar seu interesse por história e ciências naturais. Por ser muito inteligente, Beda foi ordenado aos 17 anos, enquanto a idade comum para se tornar um monge era 25 anos. Uma vez monge, ele passou a usar a matemática para resolver algumas questões pendentes da fé cristã. Por exemplo, a data da Páscoa, que marca a ressurreição de Jesus. Ele deu instruções matemáticas para que a data fosse determinada de acordo com o movimento da Lua e do Sol, para que o domingo pascal caísse na lua cheia, como mandava a tradição, que ainda herdava muitos atributos de cultos pagãos.

Posteriormente, ele resolveu determinar a idade do mundo (afinal, por que não?), mas usando uma matemática de "conveniência", que apontou que a Terra havia surgido no ano 3952 a.C. A pretensão e habilidade matemática de Beda foram suficientes para que ele fosse acusado de heresia por alguns monges "rivais", acusações que, pelo visto, não o abalaram, já que ele se referiu a seus inimigos apenas como "rústicos indecentes". Beda, inclusive, foi proclamado Doutor da Igreja muitos anos depois, em 1899, pelo papa Leão XIII, um dos mais importantes títulos da Igreja Católica.

Outro monge que se dedicou a resolver problemas matemáticos apresentados na Bíblia foi Alcuíno de Iorque (735-804 d.C.), cujo ano de nascimento é o mesmo da morte de Beda. Alcuíno foi chamado por Carlos Magno para ir até a França mostrar seu conhecimento em astronomia e matemática e explicou que Deus criou o Universo em seis dias, tendo descansado no sétimo, porque 6 era o número perfeito. Durante os intervalos de seus pensamentos religiosos, no entanto, Alcuíno se divertia pensando em problemas para atormentar os jovens discípulos. Estranhamente, ele tinha alguma fixação por rios. Um de seus problemas de lógica mais conhecido é o do lobo, da cabra e do repolho.

Imagine que você precise levar uma cabra, um lobo e um repolho para o outro lado de um rio em seu barco. Na embarcação, cabe somente um por vez. No entanto, você não pode deixar a cabra sozinha com o repolho, pois ela irá comê-lo. Tampouco pode deixar a cabra sozinha com o lobo, pois ele irá fazê-la de almoço.

Pode não parecer, mas a solução é simples e engenhosa. Você deve fazer a primeira travessia com a cabra, deixando o repolho e o lobo para trás. Então, retornar e dessa vez seguir viagem com o lobo, abandonando o repolho. Ao chegar na outra margem do rio, deixe o lobo e traga a cabra de volta com você. Antes que a cabra ataque o repolho, você o leva para a margem que está o lobo, deixando, novamente, o repolho e o lobo sozinhos. Por último, leva a cabra pela segunda vez para o outro lado do rio.

Outro problema similar, levemente inapropriado para menores de 18 anos, é o dos três homens, cada um com uma irmã, que precisam atravessar o rio. O impasse é que as moças não poderiam ser deixadas sozinhas com nenhum dos caras, porque elas seriam, digamos, defloradas. A solução? Bem, esses homens deveriam ser presos e Alcuíno deveria ter criado passatempos melhores.

Um cara que encontrou passatempos melhores e, portanto, foi definitivamente um dos maiores matemáticos da época é Leonardo de Pisa (não confundir com o Da Vinci), mais conhecido como Leonardo Fibonacci, nascido em 1170. Ao contrário da maior parte dos estudiosos, ele não estava confinado em igrejas, bolando problemas impróprios para confundir criancinhas.

Fibonacci era um comerciante, assim como seu pai, e por conta da profissão da família, desde pequeno, ele viajou muito. Entre os destinos, estavam o Egito, a Síria e a Grécia, locais de maior afluência matemática na época, onde ele encontrou o sistema de numerais mais parecido com o nosso atual e percebeu que essa forma de numeração era muito mais eficiente para o comércio.

Quando Fibonacci voltou para a Europa, ele introduziu essas "cifras indianas" em seu mais famoso livro, o *Liber Abaci*. Entre as cifras, também apresentou o revolucionário *zephirum* (o zero), um algarismo até então não conhecido em terras europeias.

Depois de tratar um pouco sobre álgebra, *Liber Abaci* apresenta, como era de costume, uma série de problemas para atormentar a mente do leitor. Entre eles, surgiu uma questão que encanta a humanidade até hoje e que nada tem a ver com mocinhas sendo defloradas, mas com a reprodução de coelhos. O problema é o seguinte: um homem coloca um casal de coelhos em um lugar fechado. Quantos pares de coelhos podem ser gerados a partir do primeiro no período de um ano se todo mês um casal de coelhos dá à luz um novo par, que se torna fértil após dois meses?

Bem, sabemos que, no primeiro mês, temos apenas um casal de coelhos. A partir do segundo mês, a fêmea dá à luz um segundo par de coelhos, que ainda não podem acasalar. No quarto mês, o primeiro casal dá à luz seu terceiro casal de filhotes, enquanto o primeiro par que nasceu concebe seus primeiros filhotes. Nesse ponto, portanto, há cinco pares de coelhos. A sequência prossegue até que, ao fim de um ano, existam 144 pares de coelhos saltitantes. Se a situação permanecer por mais um ano, serão 46.368 pares de coelhinhos.

Apesar de a noção de irmãos-coelhos se reproduzindo em família não ser a coisa mais bonitinha do mundo, esse problema deu origem a uma das fórmulas mais belas da matemática, a sequência de Fibonacci: 1, 1, 2, 3, 5, 8, 13, 21, 34, 55, 89, 144, 233, 377,... A sequência pode ser traduzida na fórmula $F_n = F_{n-1} + F_{n-2}$. Isso significa que cada termo após os dois primeiros é a soma dos dois precedentes.

Você pode estar se perguntando qual é a utilidade dessa sequência, afinal, você não é dono de uma criação de coelhos. No entanto, além de ser usada para cálculos de crescimento orgânico, a sequência de Fibonacci é associada à proporção áurea, uma constante algébrica irracional de valor aproximado de 1,618. Ao dividir um termo da sequência de Fibonacci pelo anterior, obtém-se um valor aproximado à proporção áurea, que vai ficando cada vez mais precisa quanto mais altos forem os valores. Por exemplo: 2/1 = 2; 13/8 = 1,625; 89/55 = 1,61818; e por aí vai. Esse número mágico tem encantado matemáticos, artistas e arquitetos por séculos.

Euclides descreveu a proporção áurea no seu "retângulo de ouro": ao dividir a base da forma pela sua altura, o resultado é 1,618. Esse retângulo é usado como modelo de foco para fotógrafos até hoje, de modo a balancear o enquadramento perfeitamente. Estudos de psicologia mostram que, inconscientemente, humanos tendem a achar imagens com a proporção áurea mais agradáveis e chamativas. A fachada do Partenon, inclusive, contém o retângulo de ouro.

Você pode encontrar a razão áurea em seu próprio corpo. Quer ver só? Divida a sua altura pela altura do seu umbigo até o chão. Meça o tamanho do seu ombro até a ponta dos dedos e divida pela medida do cotovelo até a ponta dos dedos. Essas são algumas das várias medidas do corpo capazes de produzir um valor aproximado da razão áurea.

Artistas renascentistas tinham conhecimento dessa proporção e buscavam retratá-la em suas peças. *O nascimento de Vênus*, de Botticelli, é um exemplo conhecido. Leonardo da Vinci parece ter sido um adepto desses parâmetros. Segundo versão popular, ele teria usado a proporção áurea em sua obra mais conhecida: *Mona Lisa*, mais especificamente nos olhos da retratada. Uma evidência de seu interesse é o fato de ele ter descrito a proporção áurea no *Homem vitruviano* como a anatomia ideal do corpo humano. No desenho, o homem está em uma pose de estrela de cinco pontas. Pois a razão áurea também está contida no pentagrama: a razão do pentágono menor, dentro do "corpo" da estrela, com a do pentágono maior (que apareceria se ligássemos as pontas do pentagrama), é o número áureo. Pitágoras percebeu a relação existente no pentagrama e, por achar os números mágicos e fascinantes como lhe era de costume, passou a usar a estrela como o símbolo de sua ordem pitagórica, tendo sido copiado por dezenas de outros movimentos religiosos e místicos posteriores como a Wicca, religião pagã surgida no século XX.

♠ CAPÍTULO 5 ♠
O papa e a cabeça de bronze

Em 999 d.C., um sujeito chamado Gerbert d'Aurillac foi eleito papa, adotando o nome Silvestre II. Ao contrário dos indivíduos idosos que estamos acostumados a ver no cargo mais alto do catolicismo, ele era jovem e tinha uma peculiaridade: era completamente apaixonado por matemática. Mesmo antes de se envolver nas politicagens do alto clero, ele era considerado um acadêmico e um grande entusiasta do sistema numérico indo-arábico no mundo ocidental.

Quando saiu da França, onde nasceu, ainda jovem e partiu para a Espanha, Gerbert começou a estudar a matemática dos árabes, uma vez que a região estava sob grande influência desses povos após a invasão muçulmana da Península Ibérica. Ele absorveu tanto conhecimento e tornou-se tão versado em várias ciências que ganhou fama de mago do mal. De acordo com a história compartilhada por monges católicos, o futuro papa Silvestre II havia conhecido um grande feiticeiro oriental e desejado todo o poder do sujeito para si próprio. Então, ele surrupiou um livro cheio de feitiços desse estrangeiro e saiu fugido da Espanha. Mas, sendo um grande mago, a vítima do furto teria sido capaz de seguir o sacerdote, porque as estrelas lhe davam pistas sobre a localização do ladrão. Gerbert só teria escapado após se pendurar debaixo de uma ponte suspensa de madeira, entre o céu e a terra, onde o feiticeiro não foi capaz de localizá-lo.

A verdade sobre a partida de Gerbert da Espanha, no entanto, é bem menos aventureira. Na Espanha, o jovem conheceu o conde Borrell II de Barcelona e ficou fascinado pelas histórias que o nobre contava sobre grandes cientistas do Oriente. Apaixonado por viagens, Gerbert não pensou duas vezes antes de aceitar o pedido do conde para acompanhá-lo em uma visita a Roma.

A viagem mudaria a vida de Gerbert. Ao chegar a Roma, ele não conheceu apenas o papa João XIII, como também foi apresentado ao imperador Otto I, que ficou encantado com a sabedoria do sacerdote sobre números. O soberano, então, contratou Gerbert como tutor de seu filho, Otto II, que um dia se tornaria imperador romano. Após lecionar ao jovem herdeiro, Gerbert recebeu do imperador a administração da Escola da Catedral de Reims, na França, onde ele lecionou a jovens membros do clero, compartilhando seus conhecimentos obtidos na Espanha.

Mas a fama de mago o acompanhou, mesmo em seus pacatos anos como professor. Críticos diziam que ele andava para cima e para baixo com uma curiosa placa, marcada com nove símbolos, e que aquilo deveria ser mágica. O objeto era, na verdade, um ábaco. Inclusive, um de seus possíveis ábacos reapareceu em 2001 após ter sido encontrado nos arquivos da Biblioteca Nacional de Luxemburgo. O objeto teria ido parar lá dentro de uma Bíblia, pois fora usado como parte da estrutura da encadernação do livro.

Também se falava de palavras mágicas que Gerbert repetia. Se forem as anotadas em um livro de um de seus estudantes, eram apenas recursos mnemônicos para ajudar na memorização dos numerais indo-arábicos.

Gerbert foi chamado de volta a Roma para ser o tutor Otto III, filho de seu antigo pupilo. Após ter cumprido novamente a missão como professor, ele passou duas décadas como bispo em Ravena, até ser indicado por Otto III como sucessor do papa Gregório V, tornando-se o primeiro pontífice francês. No entanto, os boatos sobre Gerbert e seu enorme conhecimento sobre coisas não compreendidas por outras pessoas continuaram a todo vapor. Um cardeal chamado Beno soube que o agora papa Silvestre II dizia que sua carreira havia progredido de R a R a R, referindo-se às cidades pelas quais passou: Reims, Ravenna e Roma. Isso, na opinião do cardeal, se parecia muito com um feitiço nervoso!

Uma das mais curiosas histórias dizia que ele tinha construído um autômato com uma cabeça de bronze que era possuída por um demônio chamado Meridiana. As versões variam um pouco, e alguns dizem que Meridiana também tinha o corpo de uma linda mulher. Independentemente da forma, o fato é que essa Meridiana "alimentava" o papa com conhecimentos sobre o passado e o futuro e, supostamente, havia prometido a Silvestre II vida eterna, a não ser que rezasse uma missa em Jerusalém. Em troca, o papa havia dado a ela sua alma, pensando que, como viveria para sempre, não precisaria lidar com as consequências da troca no além-vida.

Mas o demônio teria sido mais esperto. Silvestre II, inadvertidamente, rezou uma missa em Roma, em uma igreja chamada Santa Croce di Gerusalemme (Santa Cruz de Jerusalém). Imediatamente depois, ele morreu. E o relato do cardeal Beno diz que o rosto de Meridiana foi visto entre as pessoas que acompanhavam o ritual. As últimas palavras do papa teriam sido um pedido para que suas mãos e sua língua, "usadas para trair Deus", fossem decepadas, como forma de pagar por seus pecados.

A fama de mago de Gerbert superou a de educador, e até dá para entender o motivo. No fim, ele ficou conhecido como o "Papa Feiticeiro" e "o maior necromante da França". As lendas o acompanham até mesmo em seu túmulo. Em seu local de descanso, foi escrito o seguinte epitáfio: "Iste locus Silvestris membra sepulti venturo Domino conferet ad sonitum", o que significa "Aqui jazem os membros sepultados de Silvestre II, este lugar irá se curvar ao som das trombetas que anunciam o retorno de Deus". No entanto, lida de outra maneira, a frase pode ser interpretada como se o lugar fosse produzir um barulho com o retorno de Deus. Junte isso à fama de bruxo do nosso amigo e surgirão histórias como a de que é possível ouvir os ossos de Gerbert tremendo cada vez que um papa está perto da morte.

Como vimos, o pessoal da Idade Média ficava "levemente" desconfiado com coisas além da sua compreensão. Como a educação da época não era aquela maravilha, eles não entendiam muita coisa. Uma das vertentes da matemática que deixavam a galera de cabelo em pé, por exemplo, era a criptografia. Pudera! O primeiro livro publicado sobre o assunto, em 1518, se chamava *Polyhgraphiae Libri Sex*. Sem pensar bobagem, hein? Na verdade, o título significa "seis livros sobre poligrafia".

A obra foi escrita por um abade alemão chamado Johannes Trithemius (1462-1516) e não é lá uma leitura muito agradável, já que contém tabelas de palavras em latim organizadas em colunas. Cada palavra é seguida de uma letra do alfabeto, como Deus = A, Criador = B e Jesus= C. A ideia é substituir palavras por letras. Então, se eu quisesse escrever "baca", por exemplo, eu teria que escrever "Criador Deus Jesus Deus". A genialidade está em fazer substituições que ficassem parecidas com orações, para que passassem despercebidas como escritos de monges solitários e fiéis. É óbvio que a Igreja, a entidade mais poderosa da época, não ficava muito confortável em ver seus monges cunhando orações que poderiam conter códigos secretos, tanto que outro livro de Trithemius sobre criptografia – *Steganographia* – chegou a entrar na lista de livros banidos pela instituição, com a desculpa de que poderia se tratar de magia satânica.

As obras do abade não foram as primeiras sobre métodos criptográficos, tampouco apresentam os primeiros códigos criados pelo ser humano para se comunicar em segredo. Os primeiros registros que se tem de uma linguagem criptografada são de hieróglifos diferentes gravados em um túmulo egípcio datado de 1900 a.C. Um tablete de argila de 1500 a.C. foi encontrado na Mesopotâmia, com informações codificadas sobre uma técnica de confecção de cerâmica que, provavelmente, era valiosa.

O que isso tem a ver com matemática, afinal? Talvez códigos mais simples, como as substituições de Trithemius, não pareçam ser essencialmente matemáticos, mas, na hora de decifrá-los, certamente os cálculos são importantes. Como Sherlock Holmes faz em algumas de suas histórias, é possível analisar certos padrões em códigos e, por meio deles, entender como foram construídos e "desmontá-los".

Digamos que nosso amigo Trithemius estivesse falando mal de um colega da abadia e passasse um bilhetinho codificado para um colega.

Quem visse o papel por acaso leria apenas "Criador, Deus, Criador, Deus, Jesus, Deus". Mas se o colega que estivesse sendo difamado entendesse um pouco de criptografia, ele poderia perceber que a frequência da palavra Deus estava fora de equilíbrio, aparecendo mais vezes. Se nossos amigos abades falassem o português, a "vítima" poderia usar a lógica de que a letra A é a mais usada no nosso idioma e substituir "Deus" por ela. Em algum momento, ele entenderia que estava sendo xingado de "babaca" por Trithemius.

Esse tipo de solução, chamada de análise de frequência, foi documentado pelo matemático árabe Al-Kindi mais de um século antes da publicação dos livros de Trithemius. Ao notar que a frequência de um símbolo, letra ou palavra é maior do que a de outros elementos, é possível identificar padrões e decodificar o conteúdo.

Mais recentemente, o Telegrama Zimmermann, um telegrama codificado, fez os EUA entrarem na Primeira Guerra Mundial. Em um capítulo mais adiante, veremos a contribuição de Alan Turing para a decodificação de códigos nazistas que acabaram acelerando a vitória dos aliados na Segunda Guerra Mundial. Além disso, hoje dados da internet são encriptados de forma complexa para afastar *hackers* e outras entidades maliciosas que podem estar de olho em informações alheias (inclusive dados confidenciais e estratégicos governamentais).

Desde muito tempo, pessoas mantêm segredos, apelando para diferentes métodos para conseguir discrição na hora de compartilhar informações. Mas se tem algo que motiva algumas pessoas mais do que manter segredos, é o ato de decodificá-los – e é aí que reside a beleza da matemática na criptografia.

♠ CAPÍTULO 6 ♠
Vai um pouco de Bacon aí?

No livro *Are Numbers Real?*, o professor de Física de Cambridge, Brian Clegg, brinca com a ideia de chamarmos inventores de "pai" ou "mãe" de certas invenções. Você já viu alguns casos desses aqui mesmo neste livro. No entanto, Clegg afirma que não há apenas pais e mães de ideias, mas avôs e avós também, os quais estabelecem as perguntas que desencadeiam a evolução da ciência. Roger Bacon (1214-1294) foi um desses avôs.

Ele escreveu um conjunto de livrões chamado *Opus Majus*, publicado em 1267, em que estabelecia que a matemática era uma ciência por si só, e não parte da filosofia natural; portanto, deveria ser estudada por conta, como uma verdadeira ferramenta para compreender o Universo. Veja bem: no século XIII, a matemática era considerada parte do *quadrivium*, uma mistureba de música, geometria, astronomia e matemática no currículo escolar, produto de uma visão ainda parecida com a da educação helênica clássica.

Bacon era um cara extremamente religioso e, além disso, amigo do papa Clemente VI, que encomendou a ele um estudo sobre as ciências, o que viria a se tornar os 7 volumes do *Opus Majus*, na forma de uma longa carta ao papa.

Como você pode imaginar, um cara simplesmente não nasce sendo *brother* do papa. Tudo começou quando Bacon, por volta dos 13 anos, entrou na prestigiosa Universidade de Oxford. Naquele tempo, para estudar lá o aluno devia ter votos similares aos de um monge e, inclusive, adotar aquele corte de cabelo com uma carequinha no meio da cabeça chamada "tonsura". Mas Oxford era um mosteiro. Poucos anos antes de Bacon entrar na prestigiosa instituição, descobriram que um dos alunos do lugar tinha uma amante, mesmo tendo feito um voto de castidade. Quando a história vazou, cidadãos de fora da universidade mataram a moça e fizeram uma revolta pedindo que o aluno fosse enforcado. Por razões práticas e para aplacar a ira da população, a administração da universidade enforcou dois alunos escolhidos ao acaso, só para mostrar aos cidadãos de bem que as questões morais eram levadas muito a sério. Graças ao corte de cabelo típico, era fácil distinguir os alunos de jovens locais comuns.

Revoltados com a situação, um grupo de professores saiu de Oxford para criar uma "pequena" universidade: Cambridge. Enquanto isso, na cidade do enforcamento, uma visita de figurões da Igreja ajudou a fazer a poeira baixar. Moral da história: não dá para chamar Oxford de monótona.

Bacon aguentou firme em Oxford até receber o título de Magister Artis, que dava a ele licença para ensinar na própria universidade. Depois, passou um tempo lecionando na Universidade de Paris, mas acabou não conseguindo se estabelecer por lá e voltou para a Inglaterra, onde gastou o dinheiro de sua família em projetos científicos. Desde aquela época, seu sonho era escrever um livro que reunisse as bases do conhecimento humano. Pelo visto, ele não considerava finanças e economia duas dessas bases e acabou torrando a herança toda. Isso o fez se voltar à Igreja, que poderia financiar seus estudos.

Bacon virou um monge franciscano. Mas deu azar. Logo depois de se juntar à ordem, um novo chefe foi eleito, ordenando que todos os subordinados adotassem o voto de pobreza, como fez São Francisco.

Não demorou muito para Bacon escrever a um cardeal chamado Guy de Foulques pedindo uma autorização especial para manter suas posses, já que estava trabalhando em uma importante obra para reunir o conhecimento humano. Foulques entendeu errado a carta de Bacon e achou que o tal livro já estivesse escrito, então pediu que o manuscrito lhe fosse enviado imediatamente.

Enquanto Bacon pensava em como sair dessa enrascada, Foulques recebeu a notícia de que havia sido eleito o novo papa. O contatinho de

Bacon tornou-se apenas o cara mais poderoso da Igreja. O cientista escreveu ao novo papa esclarecendo a confusão e pedindo uma verbinha para continuar seu grande projeto. Com a autorização e a grana papal, Bacon finalmente deu início a seu projeto.

O primeiro volume do *Opus Majus* é uma introdução que aborda o que são a sabedoria e a verdade, escrito em forma de carta para o papa Clemente IV. Mas Bacon sentiu a necessidade de esclarecer alguns pontos e fez um segundo volume. E um terceiro. E um quarto. Quando terminou o livro, a obra já tinha 840 páginas e falava não apenas de matemática, mas também de astronomia, astrologia (Bacon acreditava que os signos podiam moldar o caráter de uma pessoa, mas não prever o seu futuro), medicina, alquimia, mecânica, agricultura e por aí vai.

Depois de terminar a obra, Bacon achou que ela precisava de uma carta de apresentação, que acabou virando outro volume. Nessa enrolação, aconteceu algo que ele não esperava: a morte do papa Clemente IV. Com isso, ele precisou pedir novamente por recursos para copiar seu manuscrito (naquela época, tudo ainda era copiado à mão), mas teve seu pedido negado.

Revoltado, o cientista passou a atacar membros da Igreja que não davam crédito às ciências naturais e acabou sendo condenado por divulgar "novidades suspeitas", um jeito de dizer que ele divulgava conhecimento não aprovado pela cúpula católica. Bacon teria sido preso na Itália por volta de 1277 e libertado em 1279, mas acabou morrendo pouco tempo depois, em 1294.

A visão de Bacon de que a matemática tinha importância própria e não era apenas uma ferramenta para outras ciências torna-o um pioneiro. Ele não era especialmente brilhante; achava possível obter a malfadada quadratura do círculo. No entanto, Bacon inspirou grandes nomes, como Newton e Leibniz, e sua história prova algo que você já deve saber: contatos são tudo nessa vida.

Parte 4

O RENASCIMENTO DA MATEMÁTICA NA ERA MODERNA

Como o Iluminismo trouxe de volta
o interesse pela matemática da Antiguidade

♠ CAPÍTULO 1 ♠
O cara que mudou o mundo de lugar

Sabe quando você diz alguma coisa sem querer, percebe que aquilo não deveria ter sido dito em voz alta e sente uma vontade de pegar as palavras no ar e colocá-las de volta na boca? Copérnico sofria desse mal. Ele criou uma teoria que mudou o lugar do Sol e do mundo, mas tentou abafar as próprias ideias com medo de represálias.

A história dele começa em 1473, em Torún, na Polônia. Nicolau Copérnico era filho de um mercador de Cracóvia com a filha de um rico comerciante de Torún. Quando o jovem Nicolau tinha apenas 10 anos, seu pai morreu e ele foi enviado para ser criado por seu tio materno, Lucas Watzenrode, um poderoso padre que, mais tarde, se tornaria o bispo de Vármia. Lucas resolveu investir na educação do sobrinho e o enviou para as melhores escolas da região, até que Copérnico fosse aceito na Universidade de Cracóvia, hoje conhecida como Universidade Jaguelônica.

Na academia, Nicolau entrou no departamento de artes, mas engana-se quem acha que ele passou a faculdade fazendo colagens com macarrão seco. Disciplinas como Matemática e Astronomia eram ensinadas como "artes", e a Universidade de Cracóvia era conhecida por formar grandes astrônomos. Logo depois, ele se mudou para a Itália, onde estudou na Universidade de Bolonha (que, hoje, é a mais antiga universidade em funcionamento da Europa).

Como vimos em capítulos anteriores, a Itália foi o berço do Renascimento, com grandes sábios se voltando aos conhecimentos da Antiguidade clássica para fazer novas descobertas. Nessa onda, Nicolau Copérnico chega e se torna assistente de um sujeito chamado Domenico de Novara, que era o típico homem renascentista, tendo estudado com o famoso astrônomo Regiomontanus e Luca Pacioli, um amigo de Da Vinci. Novara pesquisava o movimento dos planetas e seus estudos haviam mostrado que a Terra girava em torno do seu eixo como um peão prestes a cair, o que é chamado de "precessão dos equinócios". Sem dúvida, as ideias do professor influenciaram Copérnico em suas descobertas futuras.

Em meados de 1501, Copérnico decidiu estudar Medicina na Universidade de Pádua, mas acabou se formando em Lei Eclesiástica (sim, essa era uma carreira possível) na Universidade de Ferrara. Com o diploma, ele se tornou uma espécie de secretário do seu tio bispo famoso. Mas Copérnico deve ter se cansado de acompanhar Lucas e fez o tio descolar um trabalho para ele como cônego (um administrador) da Catedral de Frauenburg, onde ele morou por praticamente toda a sua vida.

Apesar de recluso, ele não estava solitário. Nicolau se envolveu com uma moça separada chamada Anna Schillings, que vivia com ele sob a fachada de governanta.

Além de um salário bacana, casa, comida e roupa lavada, Copérnico tinha também bastante tempo livre. Ele aproveitava as horas vagas para se dedicar à grande paixão dos tempos de faculdade: a astronomia. Desse modo, ele escreveu um livrinho que mudaria a humanidade, *Commentariolus*, no qual o astrônomo afirmava ter feito uma série de cálculos (que ele prometia ser descrita em uma publicação futura) que provavam que todos os planetas giravam ao redor do Sol, apenas a Lua girava ao redor da Terra e, por fim, a Terra girava em seu próprio eixo. Copérnico ia contra o sistema vigente na época, o ptolomaico, que afirmava que os corpos celestes giravam em torno de "um centro comum em velocidades uniformes, como determinado pela regra do movimento". Sua teoria também explicava a diferença entre as órbitas dos planetas, a qual, segundo Copérnico, ocorria porque os planetas estavam ordenados em volta do Sol em maior ou menor proximidade: Saturno completava sua órbita em trinta anos; Júpiter em doze; Marte em dois; a Terra, naturalmente, em um; Vênus em nove meses; e Mercúrio em três meses.

Copérnico era um homem da igreja. Ele sabia do impacto que suas ideias teriam. Afinal, ele estava tirando a Terra do centro do Universo, indo de encontro às ideias mais preciosas da Igreja Católica. Se dependesse apenas dele, Copérnico provavelmente não teria publicado o livro. Mas um amigo seu, um outro cônego chamado Tiedemann Giese, convenceu-o a enviar seu livro para, pelo menos, algumas pessoas de um grupo seleto de intelectuais.

Copérnico deve ter esperado a bronca da Igreja todos os dias. Cada vez que o carteiro aparecia em sua porta, ele deve ter sentido um frio na barriga. Mas a reprimenda não veio. Pelo contrário, em meados de 1532, um cardeal amigo íntimo do papa pediu que o cientista apresentasse suas ideias à academia. Ironicamente, Martinho Lutero fez uma das primeiras críticas, afirmando que Copérnico era um tolo que virava a arte da astronomia do avesso. Mesmo com a Igreja aceitando, de primeira, seus comentários no livro, Nicolau estava receoso de publicar os manuscritos, inclusive os cálculos que prometera em *Commentariolus*.

Foi então que Georg Joachim Rheticus entrou na vida de Copérnico. Ele era matemático, professor da Universidade Luterana de Wittenberg, e queria publicar todo o trabalho do cônego, a quem chamava de mestre. Rheticus insistiu tanto que Nicolau finalmente cedeu e lhe entregou o rascunho de *Da revolução das órbitas celestes*. O professor luterano ficou encarregado de levar o volume para um editor em Nuremberg. No entanto, começaram a surgir boatos de que Rheticus era homossexual, e ele precisou deixar seu cargo de professor para assumir uma vaga em Leipzig, na Alemanha. Então, ele simplesmente deixou o manuscrito nas mãos de um editor chamado Petreius, pegou suas trouxas e foi embora, sem supervisionar a impressão da obra. Se você está sentindo cheiro de problema, está completamente certo.

Quem ficou encarregado de supervisionar a publicação de Copérnico foi um teólogo luterano chamado Andreas Osiander, que já conhecia Nicolau. Os dois discordavam sobre os modelos astronômicos e já haviam trocado farpas por correspondências. Osiander viu ali uma oportunidade perfeita para afetar seu rival. Ele adicionou à introdução do manuscrito um parágrafo afirmando que os modelos descritos não passavam de hipóteses, que aquelas ideias eram apenas instrumentos de cálculo e que quem as aceitasse como verdade terminaria o livro mais estúpido do que quando começou. Sutil, não é mesmo?

Não se sabe se Copérnico ficou sabendo do "novo trecho" de sua obra. Tiedemann Giese, seu amigo cônego, afirmou que Nicolau só viu o livro impresso no dia de sua morte, em 24 de maio de 1543, quando ele já estava de cama, debilitado por conta de um derrame. Após a morte de Copérnico, Giese foi aos tribunais tentar remover o parágrafo de Osiander da obra. Mas a farsa foi revelada e contornada somente em 1609, com o auxílio de Johannes Kepler, de quem vamos falar mais em breve.

♠ CAPÍTULO 2 ♠
O gago, o charlatão e o pupilo: a novela italiana das equações

Em 1499, na cidade italiana de Bréscia, nasceu o jovem Nicolo Fontana, que mal desconfiava do que o destino lhe reservava. No ano de 1512, Bréscia foi invadida por soldados franceses e o jovem Nico foi ferido na cabeça. Como sua família era humilde, eles não tinham dinheiro para pagar um médico e um tratamento adequado para nosso amigo, então sua mãe fez o que estava ao alcance dela para ajudá-lo. Ou seja, tratar o ferimento de Nicolo com saliva. Por incrível que pareça, ele sobreviveu, mas ficou com cicatrizes horríveis, tinha dificuldade de falar e gaguejava muito. Foi aí que ele ganhou o apelido que o tornaria conhecido: Tartaglia, que significa gago.

Como não conseguia se comunicar muito bem e tinha vergonha das cicatrizes, Nicolo aprendeu a ler e a escrever (o que não era comum entre jovens de famílias pobres da época) e começou a se interessar por engenharia e matemática. Sua sabedoria e seus escritos passaram a chamar a atenção, e ele foi convidado para ser professor de Matemática em Veneza, onde publicou livros sobre balística, engenharia e equações. Em uma das obras, ele também citou que saberia resolver equações cúbicas, de terceiro grau.

Veja bem, Tartaglia não foi a primeira pessoa capaz de resolver equações cúbicas, mas certamente foi a primeira a se gabar do feito. Na verdade, um outro italiano, chamado Scipione Del Ferro, havia desenvolvido um método para isso, mas, por estar doente, não teve tempo de desenvolver um livro e publicar as soluções. Em seu leito de morte, Del Ferro transmitiu o segredo das equações cúbicas para seu discípulo, um sujeito pobre chamado Antonio Maria Del Fiore. Quando Del Fiore viu que Tartaglia estava ganhando fama com a solução das equações, resolveu fazer o mesmo, e começou a dizer aos quatro ventos que ele também tinha um método para resolver equações de terceiro grau.

Tartaglia não gostou nem um pouco dessa história. Afinal, o cara já era gago e feioso, então tudo o que ele tinha para se gabar era sua fama de matemático excelente. Irado, ele aceitou participar de um desafio de matemática contra Del Fiore (como uma batalha de *rap* do século XVI), decidido a provar que o discípulo de Del Ferro era um bocó de marca maior. No dia da competição, cada um dos matemáticos precisava apresentar 30 problemas para o outro resolver. Dá para imaginar a cena: um público extasiado, bandeiras com o nome dos competidores, gritos de "Ei, ei, ei, Tartaglia é nosso rei!" e "Ago, ago, ago, Tartaglia é só um gago!". Provavelmente, não foi assim, claro, e a competição entre nerds deve ter atraído um público bem menor do que qualquer enforcamento em praça pública que estivesse rolando no dia.

O fato é que Tartaglia foi muito esperto. Enquanto Del Fiore explorou, basicamente, as equações cúbicas, o gago apresentou uma variedade imensa de problemas que requeriam conhecimentos em diferentes áreas da matemática. Tartaglia superou os 30 problemas de Del Fiore em menos de duas horas, e o oponente, que havia apenas memorizado o método de Del Fierro, ficou conhecido como um matemático medíocre de um truque só.

Assim que Tartaglia foi reconhecido como o vencedor da batalha, um outro personagem importante entrou em cena: Girolamo Cardano (1501-1576), um importante matemático que atuava em Milão, que talvez fosse mais conhecido pelo vício em jogos e por sua fama de mago. Convenhamos, naquela época, bastava demonstrar um pouco de interesse em ciência e astronomia para alguém ser considerado o próprio Merlin. Cardano, contudo, havia se dedicado ao estudo da astrologia e do zodíaco. Dizem que ele foi convidado a fazer o horóscopo do rei Eduardo VI, tendo previsto que o monarca teria uma longa vida. O rei morreu no ano seguinte. De qualquer modo, Cardano estudou probabilidade e gostava de aplicar seu conhecimento em matemática no xadrez e nas apostas de dados. Apesar disso, as chances não estavam a seu favor, pois é sabido que ele nunca se tornou um homem rico.

Quando Cardano soube que tinha um gago dizendo por aí que havia conseguido resolver equações cúbicas, e que o mesmo gago havia derrotado outro matemático em uma batalha pública, recusando-se a compartilhar seu método com outras pessoas, ele tentou criar sua própria solução para o problema, mas não obteve sucesso. Após reconhecer a derrota, Cardano, humilhado, enviou cartas a Tartaglia pedindo que ele o deixasse publicar seu método em uma série de livros. Tudo com os devidos créditos, claro.

Tartaglia recusou, afirmando que queria publicar seu método em um livro de sua própria autoria. Cardano tentou, então, outra técnica: pediu para ele revelar a solução "na base da amizade". Ele manteria segredo, só queria saber como Tartaglia resolvia aqueles problemas maravilhosamente difíceis. Novamente, nosso amigo gago negou, sem confiar naquele cara insistente.

Foi então que Cardano deu sua última cartada: convidou Tartaglia a visitá-lo em Milão, em um esquema *all-inclusive*, afirmando que o governador da região, seu amigo particular, estava interessado em conhecer aquele grande sábio capaz de resolver enigmas além da sua compreensão. Era tudo uma grande balela, porque quando Tartaglia e seu ego inflado chegaram a Milão, ele logo ficou sabendo que o governador estava viajando. Cardano, muito esperto, começou a usar o ego de Tartaglia contra ele próprio, até que o gago cedeu e revelou a solução para as equações de terceiro grau. No entanto, Tartaglia fez com que o outro matemático prometesse manter em segredo, já que sua intenção era publicar o método em um livro próprio, como já havia dito anteriormente.

Tartaglia voltou a Veneza. Pouco tempo depois, Cardano publicou novos livros. Dá até para imaginar o temeroso Tartaglia revirando as páginas dos volumes para ter certeza de que seu método não estava lá. Ele suspirou com tranquilidade quando viu que Cardano havia cumprido com sua palavra. Mas sua tranquilidade estava para acabar. Cardano foi atrás do método usado por Del Fiore e descobriu que Del Ferro havia conseguido resolver as equações cúbicas antes do gago. Desse modo, nenhuma promessa o impedia de publicar aquele tipo de solução, certo?

Em 1545, Cardano publicou *Artis Magnae Sive de Regulis Algebraicis Liber Unus*, mais conhecido como *Ars Magna*, com a solução de Del Ferro e, ainda, com um método para solucionar equações de quarto grau. Tartaglia ficou espumando de raiva. Ele começou a escrever um novo livro furiosamente, contando seu lado da história e, de quebra, debulhando-se em insultos sobre Cardano, o qual havia ganhado o *status* de matemático mais famoso do mundo na época e nem se importava mais com o gago feioso que não havia dado moral para ele.

Um dos discípulos de Cardano, Lodovico Ferrari (1522-1565), ficou extremamente incomodado com aquelas ofensas e escreveu a Tartaglia, desafiando o gago para uma batalha matemática.

Tartaglia, experiente em eventos como esse, aceitou prontamente. Ele acreditava que humilhar o aprendiz do seu adversário seria uma forma eficaz de mostrar que continuava sendo um matemático superior. Novamente, o gago fez suas malas e partiu para Milão. Só que, ao chegar lá, não esperava encontrar um oponente tão preparado. O aprendiz de Cardano tinha um conhecimento muito superior não apenas de equações cúbicas, mas de equações do quarto grau também; afinal, como Cardano admitiria depois, as soluções das equações quadráticas contidas no *Ars Magna* eram do próprio Ferrari. Humilhado, Tartaglia fugiu na calada da noite e a vitória foi concedida ao jovem matemático.

Mas a humilhação final foi ter seu método para resolver equações cúbicas nomeado como "fórmula Cardano-Tartaglia", o que deve fazer ele se revirar no túmulo até hoje.

Ferrari, por sua vez, ganhou fama e recebeu um convite para lecionar Matemática em Roma. Após se aposentar com apenas 42 anos, ele foi viver em Bolonha e morreu sob circunstâncias misteriosas: dizem que foi envenenado por arsênico, e a principal suspeita de ter cometido o assassinato era sua própria irmã, que morava com ele.

Já Cardano teve um destino bem diferente. Como já dissemos, ele gastava muito dinheiro em apostas e publicou livros sobre a matemática das probabilidades com métodos para se obter mais sucesso em jogos de azar. No entanto, o matemático estava sempre na pindaíba. Ele caiu em uma desgraça maior quando seu filho favorito, Giovanni Batista, foi executado em 1560 por envenenar a esposa (o pessoal parecia curtir um envenenamento na época). Cardano teve a chance de impedir a execução se pagasse uma quantia enorme de dinheiro à família da moça, mas ele, obviamente, não tinha, e Giovanni foi morto. Outro filho seu, Aldo, que também curtia apostar dinheiro, estava tão endividado que havia perdido as roupas do próprio corpo e acabou invadindo a casa do pai para roubar algumas posses e tentar reparar suas dívidas. Coube a Cardano denunciar Aldo para a polícia e ver seu filho banido da cidade para sempre.

Para piorar, Cardano ainda foi acusado de heresia por fazer o horóscopo de Jesus. O mais impressionante é que ele morreu no mesmo dia que havia previsto em um de seus livros: 21 de setembro de 1576. Mas há uma lenda sobre o matemático que diz que ele resolveu fortalecer a própria previsão ao tirar a própria vida.

♠ CAPÍTULO 3 ♠
O cara que achou que poderia falar com anjos por meio dos números

Já vimos que a matemática foi considerada um instrumento místico, se não divino, por muitos. Talvez um dos mais emblemáticos desses "matemagos" tenha sido o britânico John Dee, que viveu entre 1527 e 1608. Além de matemático, astrônomo, astrólogo e geólogo, nas horas vagas ele adorava mexer com alquimia. Talvez seus interesses pelo oculto sejam o motivo pelo qual Dee não é muito reconhecido na história da ciência, mas é precisamente isso que o torna digno de nota neste livro.

Como muitos outros citados em capítulos anteriores, Dee era um nerd insuportável. Quando criança, ele costumava dormir quatro horas por dia, tirava duas horas de lazer e, nas 18 horas restantes, "adquiria conhecimento". Essa aplicação (e provável falta de amigos) lhe rendeu reconhecimento. Assim que o rei Henrique VIII criou a Trinity College, em Cambridge, ele imediatamente se tornou um dos membros. Por ser fluente em grego, Dee mergulhou nas obras de alguns dos maiores gênios da era helenística, e ficou completamente fascinado pela cultura, recuperando a crença pitagórica de que os números são a base de tudo.

Dizem que, quando os estudantes estavam organizando a apresentação de uma peça de Aristófanes, John usou seus conhecimentos de engenharia para construir um besouro mecânico, que se movia por meio de fios que não podiam ser vistos da plateia. Esse mecanismo não conquistou apenas a admiração, mas também causou suspeita entre os espectadores: poderia se tratar de magia negra?

O besouro estava extremamente distante de qualquer pretensão mística, mas, de fato, John Dee tinha um grande interesse pelo oculto.

Ele usou seus conhecimentos astronômicos para elaborar horóscopos para diversos membros da nobreza, incluindo a rainha Maria I e a princesa Elizabeth. Após o "caso do besouro", traçar um mapa astral das mulheres mais poderosas da época foi a gota d'água. Em 1555, ele foi preso e julgado por heresia. Na ocasião, ele mesmo fez a sua defesa, com sucesso. O espertinho não apenas salvou sua pele como também aproveitou a ocasião para se apresentar à realeza e pedir para que a rainha criasse uma biblioteca nacional. Apesar de Mary não ter concedido o pedido, Dee resolveu criar uma biblioteca por conta, adquirindo inúmeros volumes do exterior. Tornou-se o dono de uma das maiores bibliotecas do país na época. Estima-se que sua coleção tinha 3,5 mil volumes, enquanto Oxford tinha apenas 500. A boa impressão causada por Dee foi tamanha que, quando Elizabeth assumiu o trono, ele virou um conselheiro real. Teria sido o matemático que, por meio de cálculos numerológicos, escolheu o dia perfeito para a coroação da nova rainha. Depois disso, credita-se a ele boa parte da motivação técnica por trás da era da exploração marítima, que transformou a Inglaterra em um império conquistador de territórios do Novo Mundo.

John Dee também teve uma produção teórica considerável. Em 1558, publicou o livro *Propaedeumata Aphoristica*, em que defende que o cosmos é construído e só pode ser compreendido pelos números. Na dedicatória, é possível ter um gostinho da personalidade encantadora de Dee, que escreveu: "Qui non intelligit, aut taceat aut discat" (Que quem não entendera que se cale ou aprenda). No livro, o cientista usa seus conhecimentos de astronomia e física para convencer o leitor de que, como os planetas e astros exercem influência sobre o que acontece na Terra, é possível usar a física para alterar essas influências, como usar um espelho para direcionar os raios de sol de modo a alterar a consciência de uma pessoa (com a ajuda de espíritos que, segundo Dee, moravam dentro do objeto). Ele também afirmou existirem 25 mil combinações de configurações astrais no zodíaco, e que, por meio da matemática, seria possível compreender o que significavam todas elas.

Na época, parecia impossível fazer esse cálculo, mas Dee já sonhava com um mecanismo capaz de "computar" algo do gênero.

Em *Monas Hieroglyphica*, ele teoriza que a geometria tem tanta influência em nossas almas quanto no mundo ao nosso redor, claramente inspirado na obra de Platão. No entanto, Dee foi mais longe e afirmou que um símbolo geométrico seria capaz de alterar a consciência humana e revelar verdades profundas sobre a existência da humanidade. Após dias de contemplação, ele criou o tal símbolo, que leva o mesmo nome do livro: uma conjunção dos símbolos do Sol, da Lua, do fogo e dos elementos (terra, água etc.). Não nos responsabilizamos pela contemplação do desenho a seguir:

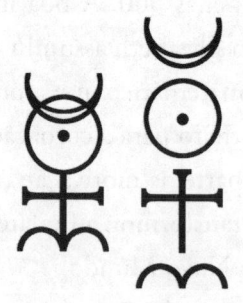

LVNA.
SOL.
ELEMENTA.
IGNIS.

Com essas ideias em mente, Dee reformou sua casa em Mortlake, perto de Londres, para que parecesse a Academia Platônica de Florença, onde recebia interessados em seus conhecimentos místicos. E então ele começou a tentar contatar anjos e demônios usando uma bola de cristal e cálculos numerológicos. Seus esforços não lhe renderam resultados satisfatórios, mas ele conheceu alguém que prometeu ajudá-lo: o autonomeado médium, de reputação duvidosa, Edward Kelley (1555-1597).

Com o auxílio de cálculos e da bola de cristal, Dee encontrava os momentos propícios para Kelley entrar em transe e contatar os anjos. Então, Kelley ditava o que ouvia dos anjos e Dee copiava as mensagens. Inúmeros textos foram produzidos, mas todos em uma linguagem complicada, que a dupla afirmava ser angelical, porém que ninguém mais entendia.

Foi também por meio das mensagens de Kelley (e pela crescente desconfiança da Corte com as atividades místicas) que Dee foi convencido de que eles deveriam fazer um *tour* pela Europa, compartilhando seus conhecimentos e visões em visitas a famílias nobres. Há registros de que eles foram recebidos pelo imperador Rodolfo II, em Praga, e até pelo rei Estêvão, da Polônia. Nessa época, havia a suspeita de que, na verdade, Dee estaria agindo como espião da rainha Elizabeth. Posteriormente, o cientista Robert Hooke (1635-1703) defendeu os escritos angélicos de Dee, afirmando que eles eram bizarros daquele jeito porque, na verdade, eram mensagens cifradas para a Coroa britânica. Mas, ao que tudo indica, a verdade era bem menos glamourosa.

Em 1587, após um longo período de viagens, quando Dee e Kelley estavam na atual Alemanha, Kelley informou que os anjos haviam pedido para eles compartilharem tudo o que tinham, inclusive suas esposas. Chateado com a mensagem dos anjos (afinal, por que eles tinham que falar de esposas, e não dos segredos matemáticos da criação do mundo?), Dee concordou em compartilhar sua esposa, Jane, de aproximadamente 30 anos, muito mais jovem que ele. Logo depois, ele rompeu a sociedade com Kelley, o que não foi de todo ruim. Como as visões eram reveladas por meio de Kelley, a fama de místico dele era definitivamente maior do que a de Dee, que foi convidado para ser o alquimista oficial do imperador Rodolfo II.

Como diria Compadre Washington, depois de nove meses você vê o resultado. Pouco depois de voltar para a Inglaterra, a esposa de Dee deu à luz Theodore, batizado como filho do matemático. Contudo, por razão do compartilhamento de esposa, a criança poderia ser de Kelley, que era uns 30 anos mais novo que Dee.

Se você já está lamentando o azar do pobre matemático, veja essa: um dia, após retornar de suas andanças, Dee encontrou sua casa vandalizada. Dizem que sua residência, incluindo a formidável biblioteca, tinha sido assaltada por seus vizinhos, e muitos dos seus escritos foram queimados por acreditarem ser bruxaria. Outra versão diz que Nicholas

Sauder, membro católico do Parlamento, passou a mão nos livros, que depois apareceram "misteriosamente" na biblioteca da Royal College. Durante um período de dez anos, no qual a peste bubônica assolou a Inglaterra, Jane morreu, assim como cinco de seus filhos, inclusive o jovem Theodore. John Dee morreu aos 82 anos, pobre e em desgraça, com sua filha Katherine como sua única companhia.

A figura de "mago da corte" de Dee teria sobrevivido e inspirado muitos escritores e artistas, incluindo Shakespeare, que, dizem, criou o personagem Próspero, de *A megera domada*, baseado no matemático, reproduzindo seu estilo de vestes longas e mangas largas. Dizem também que um livro popular da segunda metade do século XVII intitulado *Mathematical Magick*, recheado de truques com números, foi escrito por John Wilkins, da Universidade de Oxford, inspirado no trabalho de Dee. Esse livro teria ido parar nas mãos de um jovem de quem iremos falar muito em breve, tendo-o ajudado a trilhar pelo caminho da matemática. Talvez você o conheça, um tal de Isaac Newton.

♠ **CAPÍTULO 4** ♠
O mestre que morreu de tanto segurar o xixi – e
o discípulo acusado de matá-lo

Tycho Brahe (1546-1601) era um gênio sueco, mas também um cara sem sorte, filho de Otte Brahe, um cara nobre de família estranha. Quando Tycho nasceu, seu tio, Jorgen, ficou roxo de inveja pelo herdeiro do maninho. O irmão de Otte era almirante do Exército dinamarquês, um cargo de grande prestígio, mas não tinha filhos. Então ele deu uma de Nazaré: raptou o sobrinho e resolveu criá-lo como seu próprio filho.

Aos 7 anos, o menino começou a estudar latim e, aos 13 (isso mesmo!), foi enviado para a famosa Universidade de Copenhagen, onde deveria aprender as "artes" da administração e do direito, para se tornar um político de prestígio. Durante as aulas de Legislação ele conheceu sua verdadeira vocação: a astronomia. Os professores promoveram uma aula para observação de um eclipse que fora previsto por cientistas da época (um feito muito mais impressionante e difícil de se fazer do que hoje), e Tycho ficou absolutamente fascinado pelo espetáculo dos astros.

Aos 16 anos, ele foi transferido para a Universidade de Leipzig, na Alemanha, onde continuou a estudar política e direito, mas sem abandonar a paixão pela astronomia. Tornou-se tão obcecado pelos astros que, em 1563, observou uma conjunção entre Júpiter e Saturno e percebeu que as projeções do movimento dos planetas feitas por caras como Copérnico e Ptolomeu estavam erradas. Então, ele começou a observar os astros todos os dias, mantendo diários detalhados sobre como estrelas e planetas se moviam.

Quando as celebridades da época (nada de Justin Bieber ou Selena Gomez; naqueles tempos, os famosos eram duques, condes e outros nobres) souberam que havia um rapaz capaz de prever o movimento dos astros na universidade, eles começaram a abordar Tycho para que ele fizesse o mapa astral deles, a fim de fazer previsões. E assim se iniciava a fase mística do nosso amigo matemático.

Foi nessa época que Jorgen, o tio "Nazaré" de Tycho, morreu. A história oficial é que ele foi ferido em batalha no ano de 1564, mas há boatos de que ele pegou uma pneumonia depois de pular em um rio para salvar o rei Frederico II, da Dinamarca, que havia caído na água bêbado. De qualquer maneira, a morte do almirante deu a Tycho a liberdade necessária para ele seguir de vez sua paixão pela astronomia, astrologia e alquimia. E, também, para que sua vida se tornasse mais imprevisível.

Em 1566, Tycho conseguiu a proeza de se meter em um duelo com um primo de muitos graus chamado Manderup Parsberg. Ambos estavam em um baile de casamento e, provavelmente depois de muitas cervejas, brigaram, indo definir o vencedor da desavença em uma luta de espadas no breu da noite. Ninguém se consagrou vencedor, mas o perdedor definitivamente foi Tycho, que ficou sem a ponta do seu nariz após um golpe nada certeiro de Parsberg. O astrônomo foi encaminhado às pressas para um hospital universitário, onde foi tratado e ganhou um nariz falso feito de ouro e prata, o qual ele usou até o fim dos seus dias. Ele acordava e grudava a prótese no rosto com uma cola especial. E caso você esteja se perguntando, ele e Manderup fizeram as pazes e riram muito do nariz falso de Tycho depois.

Tycho resolveu construir um laboratório alquímico perto da propriedade de seu pai, que havia morrido em 1570. Herdeiro da propriedade da família, ele resolveu se estabelecer em Knudstrup, na Suécia. Lá, conheceu Kirsten, a filha do pároco, e se apaixonou perdidamente. Apesar da prótese nasal, a moça também se apaixonou por ele. Eles casaram e tiveram oito filhos.

Foi então que Tycho fez uma observação surpreendente. Ele percebeu que uma nova estrela havia aparecido na constelação de Cassiopeia.

A descoberta foi chocante, uma vez que o consenso era de que o céu, as estrelas e os planetas eram imutáveis. Como essa estrela não se movia como as outras, ele fez cálculos complexos e passou a acreditar que ela estava muito distante dos outros astros, além da órbita de nossos planetas. O astrônomo, então, escreveu o ensaio *De Nova Stella* (A nova estrela), cunhando o termo "nova", hoje usado em "supernova". Quanto à luz misteriosa, descobriu-se depois se tratar de uma estrela que havia explodido há 7.500 anos-luz da Terra.

Entre 1577 e 1578, outra de suas descobertas fez com que ele ficasse ainda mais famoso. Um cometa apareceu no céu e causou pânico na sociedade da época. Muita gente acreditava que aquele corpo celeste brilhante era um sinal do apocalipse. Tycho salvou o dia com seus cálculos, provando que o cometa estava muito mais distante da Terra do que a Lua e ele não atingiria o planeta em cheio. Ele também foi capaz de estimar o diâmetro e a massa do cometa, bem como o comprimento da cauda. Apesar de tudo, não abandonou seu lado místico, e afirmou que o cometa era um sinal da queda de Ivan, o Terrível, na Rússia (o que, de fato, aconteceu).

Tycho também concebeu um modelo novo de movimentos planetários, rejeitando o de Copérnico, que não condizia com suas observações. O astrônomo sueco acreditava que a Terra estava no centro do Sistema Solar e era orbitada pela Lua e pelo Sol. Os outros planetas não orbitavam a Terra, mas davam voltas no Sol.

Depois do evento do cometa, a Coroa dinamarquesa ficou encantada com o cientista e o incumbiu de publicar um almanaque astronômico e astrológico anual para o rei. Em troca dos seus serviços, o rei presenteou Tycho com um castelo. Em uma ilha chamada Hveen, que hoje pertence à Suécia. Com servos. Dizem que a biblioteca que o cientista montou lá era uma maravilha, com um globo de bronze de 2 metros de diâmetro que marcava a posição das estrelas. Com o ego "um pouquinho" inflado, Tycho mandou fazer retratos dos oito maiores astrônomos que conhecia, incluindo ele próprio. Outro era "Tychonides", um de seus descendentes que, ele previa, continuaria seu legado na astronomia. Ele tinha a própria impressora (nada parecida com os modelos atuais e, certamente, muito mais cara e impressionante na época) e até um bobo da corte. Pode?

Só que o rei Frederico II morreu em 1588, e a onda de azar de Tycho voltou a dar um caldo nele. O herdeiro do rei, Christian, tinha apenas 11 anos quando o pai morreu, e até ele se tornar maior de idade, um conselho foi apontado para reger o país. Christian foi criado com uma mentalidade voltada para a guerra e acusou vários nobres de heresia. E o alquimista e astrólogo Tycho logo foi parar na lista de nobres visados (o fato de ele ter uma enorme propriedade que poderia ser confiscada a qualquer momento e dar grande lucro para a Coroa também complicava sua situação).

O castelo foi invadido, seus instrumentos confiscados e Tycho exilado. Ele acabou fugindo para Praga, onde se tornou astrônomo real do imperador Rodolfo II. Lá, ele conheceu seu assistente Johannes Kepler, de quem falaremos logo mais.

Tycho passou a ser uma figura muito bem-vista na sociedade de Praga. E isso pode ter sido a causa do seu fim. Aos 54 anos, ele foi convidado para um banquete de nobres que durou várias horas. Na época, era considerado extremamente rude se levantar da mesa, mesmo que para ir ao banheiro. Só que Tycho precisava muito fazer xixi. Ele segurou a vontade por horas a fio. Quando finalmente conseguiu sair do banquete, ele percebeu que não conseguia mais urinar, a não ser em quantidades muito pequenas e sentindo muita dor. Pois é, ele teve uma infecção urinária.

A infecção foi se espalhando por seu organismo, e Tycho ficou de cama, com febre altíssima. Em seus últimos momentos, ele implorou que Kepler terminasse o seu trabalho. Tycho morreu e foi enterrado sob um epitáfio que ele mesmo escreveu: "Viveu como um sábio, morreu como um tolo".

As condições da morte de Tycho sempre foram consideradas um mistério. Em 1990, cientistas começaram a especular a hipótese de que ele não havia morrido por infecção urinária, mas envenenado com mercúrio. O suspeito era o assistente, Kepler, que teria inveja da fama de Tycho e jurava que a Terra orbitava o Sol, e não o contrário, como Tycho pregava. Mas quem conhece a história de Kepler sabe que o cara tinha seus próprios problemas para se preocupar.

Johannes Kepler nasceu na Alemanha, em 1571, em uma família nobre cuja fortuna estava acabando. Seu avô havia sido muito importante, rico e famoso por ter sido prefeito da vila alemã de Weil. No entanto, pelo grande número de herdeiros, a bufunfa foi dividida e ninguém ficou com muita coisa. Algo que todos dividiam foi um temperamento terrível e má sorte: uma tia morreu envenenada, a outra morreu como mendiga, um terceiro era astrólogo e jesuíta e morreu com sífilis.

O pai de Kepler, Heinrich, trabalhava como mercenário. Em uma batalha, ele ficou muito próximo de um barril de pólvora que explodiu e desfigurou seu rosto. Heinrich era conhecido por bater na esposa e nos filhos e chegou a ser condenado à forca por um crime, mas escapou da punição e desapareceu em combate. Família tranquila, não é mesmo?

Depois do desaparecimento de Heinrich, a mãe de Kepler ficou encarregada de cuidar da família, sustentando os seis filhos com os rendimentos de uma pousada. Além disso, ela fazia uns bicos como curandeira, já que entendia muito das propriedades medicinais de ervas, o que mais tarde, na Inquisição, lhe causaria problemas, tendo sido julgada por bruxaria.

Mas isso foi muitos anos depois de a matriarca incutir em Kepler o amor pela astronomia. Em 1577, ela levou o pimpolho para ver a passagem de um grande cometa que iluminava o céu (o mesmo que acabou sendo estudado por seu futuro mestre, Tycho Brahe). Foi o que bastou para que Kepler começasse a se interessar pelos fenômenos do cosmos. No entanto, parece que o destino tinha algo contra seu objetivo de se tornar um astrônomo. Ainda na infância, ele contraiu varíola, que o deixou com as mãos deformadas e com problemas graves de visão que dificultavam suas observações da abóbada celeste.

Isso não fez Kepler desistir do estudo. Na verdade, deu a ele um novo interesse: dedicar-se ao aspecto matemático da astronomia, debruçando-se em cálculos complexos sobre os movimentos planetários. Ao tornar-se estudante da Universidade de Tubinga, passou a usar suas contas para defender a teoria heliocentrista. Kepler ficou famoso nos meios acadêmicos (talvez mais pelos horóscopos que preparava para nobres como forma de suplementar seus rendimentos) e, aos 23 anos, foi convidado a ser professor de Matemática na Universidade de Graz, na Áustria.

Foi durante uma de suas aulas que Kepler teve um momento "*Eureka!*". Enquanto falava sobre a conjunção entre Júpiter e Saturno, ele percebeu um possível padrão geométrico nos movimentos planetários. Isso resultou no livro *O mistério cosmográfico*, no qual ele apresenta o que seriam os planos de Deus para a forma com que os corpos celestes se movem. A explicação envolve sólidos platônicos (figuras tridimensionais fechadas, como o cubo, com todas as faces iguais), apenas seis planetas e várias passagens bíblicas. Seu objetivo era descrever as órbitas dos planetas como esferas inscritas dentro desses sólidos platônicos, criando um modelo geométrico do Sistema Solar. Na época, apenas seis planetas eram conhecidos, o que tornava a teoria perfeitamente aplicável. Hoje, sabemos existirem mais dois planetas (saudades, Plutão). Mas, apesar de os argumentos estarem errados, sua obra foi considerada extremamente importante para a teoria de Copérnico. Por mais que Kepler estivesse enganado na origem das medidas, ele conseguiu prever a distância entre os planetas conhecidos com uma precisão razoável.

Nessa época, Kepler foi convencido de que seria uma boa ideia arrumar uma esposa. Mas a tarefa não foi nada fácil. O matemático era extremamente exigente na escolha da pretendente, e nem havia motivo para ser assim. Além de ter ficado com a aparência marcada pelas cicatrizes da varíola, as mãos deformadas, a visão comprometida e ser um nerd do mais alto escalão, o moço ainda tinha uma doença estranha que fazia abrir feridas em suas mãos. Como naquele tempo a medicina não era muito avançada, as chagas não eram limpas corretamente e não se fechavam, tornando-se um hábitat perfeito para vermes. Isso mesmo, Kepler tinha vermes nas mãos. Para completar, ele não tomava banho. Ok, você pode argumentar que naquela época tomar banho não era um hábito comum. Mas o cara não adotava nem aquela regrinha básica de se lavar aos sábados. Ele simplesmente evitava a água. Partidão, hein?

Quem achou que ele morreria solteiro, enganou-se. O matemático conseguiu convencer uma moça chamada Barbara Müller a casar com ele. A situação de Barbara não era lá muito fácil. Apesar de ser filha de um comerciante rico, aos 23 anos de idade ela já havia ficado viúva duas vezes e tinha uma filha pequena para criar. Por ter enterrado dois maridos, ninguém estava muito ansioso para tentar ser a exceção à regra. Então, surge Kepler: pobretão, mas com um título de nobreza, relativamente famoso e, principalmente, despreocupado com o histórico de viuvez de Barbara (ele estava mais preocupado com a grana do pai dela).

Barbara relutou, mas acabou aceitando o pedido do cientista, sob uma condição: Kepler precisava tomar banho para o casamento. Kepler praguejou, mas concordou. No dia do casório, ele ficou de molho por algumas horas, mas seu organismo estava tão desacostumado com o ritual que ele ficou doente nos dias seguintes e passou semanas de cama. Se o sujeito já não era fã de água, depois disso é que ele não tomaria outro banho tão cedo. E se ele já não era muito empolgado com a ideia de se casar, ficou ainda mais chateado com a esposa, a qual ele descreveu como "de mente limitada e corpo obeso".

Como se a vida já não estivesse ruim o suficiente, em 1598, autoridades católicas visitaram a Universidade de Graz e ordenaram que todos os professores luteranos (como Kepler) deixassem seus postos. Tratava-se de uma reação à Reforma Protestante, que atingiu Kepler diretamente. Ele resolveu deixar a Alemanha e ir para Praga. A ideia era trabalhar como assistente de outro conhecido nosso, Tycho Brahe, na época tido como o maior astrônomo do mundo.

Tycho conhecia o trabalho de Kepler, e, como estava precisando de assistentes após sua fuga da Dinamarca, escreveu ao alemão pedindo sua ajuda e garantindo a ele conforto para sua família. Era tudo o que Johannes precisava de ouvir. Mas engana-se quem pensa que essas duas mentes maravilhosas trabalharam em perfeita harmonia. O que ocorreu nos dezoito meses seguintes foi uma verdadeira guerra de egos.

Tycho se recusava a compartilhar todos os seus valiosos dados com Kepler. Este ficava chateado, atirava instrumentos de medição contra a parede, reclamava do salário, mas depois voltava e pedia desculpas. Foi nessa época que o fatídico banquete que culminou na morte de Tycho Brahe aconteceu. Por isso, o pessoal suspeitou que o assistente pudesse ter dado fim ao mestre.

Dias após a morte de Tycho, Kepler assumiu o cargo do mestre de matemática imperial de Praga e, como prometeu, continuou o trabalho do falecido, agora com todos os dados de que precisava. Ele deparou com a obra de um inglês chamado William Gilbert (1544-1603) que falava sobre fenômenos magnéticos. Para esse cientista, a Terra nada mais era do que um ímã gigante. Kepler passou a julgar que talvez não apenas a Terra, como os outros planetas também se comportassem como magnetos. Então, todo o Universo funcionaria de forma mecânica, como um relógio. Essa ideia é considerada uma das mais revolucionárias da ciência, que seria fonte de inspiração de um sujeito que ainda nem havia nascido, Isaac Newton.

Ao unir os dados de Tycho com suas novas ideias, Kepler criou o que conhecemos hoje como a segunda lei de Kepler do movimento planetário, uma genialidade geométrica que afirma que uma linha unindo um planeta ao Sol "varre" áreas iguais em períodos iguais. Na prática, significa que, se o planeta se move em uma linha assimétrica, ele se moverá mais rapidamente se estiver mais perto do Sol.

Mas o problema da forma das órbitas ainda assombrava nosso amigo. Ele tentou diversas opções que descrevessem a trajetória de Marte até, por fim, decidir que o planeta se movia em forma de elipse, o que não era simétrico como os platônicos gostariam, mas condizia com todos os dados obtidos por Tycho Brahe. E essa é a primeira lei de Kepler: planetas giram em torno do Sol em órbitas elípticas. Tanto a primeira quanto a segunda lei de Kepler foram listadas pelo astrônomo em um livro considerado uma das obras-primas da astronomia, *Astronomia Nova*.

Não pense que a vida de Kepler foi só de glórias depois dessas incríveis descobertas. Barbara, sua esposa, morreu logo depois da publicação do livro, assim como Friederich, seu filho preferido. Em 1611, o imperador Rodolfo II abdicou do seu trono, jogando Praga em um caos político, e colocando o cargo de Kepler em risco.

O cientista resolveu se antecipar à crise e mudou-se para Linz, capital da Alta Áustria, onde recomeçou sua vida buscando uma nova esposa. Dessa vez, para conseguir um casamento mais feliz do que o primeiro, ele adotou um procedimento deveras matemático: entrevistou onze candidatas, encantando-se por Susanna Reuttinger, uma moça de 24 anos, por seu "amor, economia e cuidado com os enteados". É de se imaginar que ela também não obrigava o cara a tomar banho, o que resultou em um companheirismo muito maior do que na primeira união de Kepler.

Nesse ambiente de paz, Kepler se dedicou a compreender a harmonia do Universo. Assim como Pitágoras, ele tinha um forte lado místico e queria entender se o movimento dos planetas poderia ser comparado às escalas musicais. Kepler encontrou razões suficientes para acreditar que Deus realmente havia composto música usando os corpos celestes. Foi com isso em mente que ele formulou a terceira lei do movimento planetário, em que o quadrado do tempo da órbita de um planeta é proporcional ao cubo de sua distância média do Sol.

Depois de alguns anos de tranquilidade, Kepler precisou se mudar novamente. As revoltas antiprotestantes estavam chegando a Linz, e ele decidiu ir para Sagan, atual região da Polônia. Lá, ele virou matemático na corte do duque de Friedland e Sagan, Albrecht von Wallenstein, que, ironia das ironias, era um sujeito católico.

Kepler não durou muito tempo na corte e viajou até Regensburg, na Alemanha, onde caiu doente, por conta da viagem. Testemunhas disseram que, durante seus últimos dias, ele entrou em delírio e ficou apontando para a própria cabeça e depois para o céu. Poucos dias depois, morreu e foi enterrado sob um epitáfio de sua autoria:

Mensus eram coelos, nunc terrae metior umbras
Mens coelestis erat, corporis umbra iacet

(Medi os céus, agora medirei as sombras.
Para os céus viaja a mente, mas na terra descansa o corpo).

Falando em "descansar o corpo", e a polêmica sobre a morte de Tycho Brahe? A exumação dos restos do cientista, feita em 2010, revelou que não havia qualquer substância estranha em seu corpo capaz de envenená-lo. Havia alguns traços de mercúrio, mas apenas em camadas externas da pele, o que foi atribuído às atividades alquímicas do astrônomo sueco.

♠ CAPÍTULO 5 ♠
O gênio que perdeu a cabeça, literalmente

René Descartes (1596-1650) era um gênio francês amargurado. Pudera... Como muitos matemáticos citados em capítulos anteriores, sua infância não foi nada fácil. Sua mãe morreu apenas um ano após seu nascimento, dando à luz o irmão de Descartes. Logo após a morte da mãe, o pai de Descartes casou novamente, deixando-o aos cuidados de sua avó materna. E, para completar, a saúde do menino não era aquelas coisas: ele tinha uma tosse persistente, que o acompanhou até os 20 anos. Não era de se surpreender que o garoto tenha crescido duvidando de muita coisa.

O próprio mundo, como o conhecemos, era algo que ele questionava. Em seu livro *Meditações*, Descartes faz uma das maiores provocações filosóficas até hoje, a hipótese que ficou conhecida como "o gênio maligno". Olhe ao redor e observe os objetos que lhe cercam, as cores, sinta os cheiros e ouça os sons. Então, feche os olhos.

Tendo em vista sua condição limitada de ser humano, o que garante que tudo o que você acabou de ver e sentir é real? Sabemos que nossa compreensão do mundo é limitada, e que nosso cérebro pode nos fazer ver coisas que não estão lá. Vamos além: quem garante que tudo o que você vê e sente não é obra de um gênio maligno, um ser poderoso e sobrenatural, cujo único passatempo é te enganar?

Digamos que esse gênio se divirta fazendo você achar que o tom de azul na verdade é vermelho. Você pode passar a vida toda achando que o que vê no céu é a cor azul, afinal, você aprendeu que aquela cor tem esse nome porque outras pessoas a denominaram assim. Mas o que garante que você está certo? Não é possível para você entrar na cabeça das pessoas e descobrir se o que você vê e chama de azul é a mesma coisa que os outros estão vendo.

E, ainda, quem garante que existam os outros? Que você não é uma única pessoa no mundo, sendo enganada por um gênio maligno, que brinca de diretor de *sitcom* com sua vida inventando personagens e fazendo você interagir com um mundo de brincadeira? Um *Show de Truman* sobrenatural. E se o próprio filme da história de Truman ou a leitura deste livro forem uma ironia do tal gênio, esse maravilhoso ser onipotente? Quem garante que você tem o corpo que acha que tem e se parece com o que você vê no espelho? Você pode, na verdade, se parecer com uma lesma gigante ou até mesmo nem ter um corpo. Tudo pode ser uma invenção de uma entidade superior que não tem nada melhor para fazer.

A única coisa da qual você pode ter certeza é que existe um *você*. Não importa se você está sendo enganado para achar que é um bípede desajeitado com pelos em lugares estranhos. Se você é consciente o suficiente para se perceber ou até para ser feito de trouxa, é sinal de que você existe. E é daí que Descartes tira a sua máxima: *cogito ergo sum*. "Penso, logo existo", a máxima do dualismo, da separação entre corpo e alma. Ufa! Mas como existir sabendo de tudo isso? E, se você ficou incomodado com essa hipótese, pense no cérebro torturado de quem teve a capacidade de criá-la?

Se o cara duvida até da própria visão, como ele pode confiar na matemática? Como acreditar que não há um gênio maligno nos fazendo acreditar que 2 + 2 = 4, quando, na verdade, o resultado é 3?

Descartes gostava muito de contrariar expectativas. Mesmo com sua saúde não sendo das melhores, ele acabou se interessando pelas artes da guerra e se juntou ao Exército protestante holandês como mercenário. Nada mal para um nerdinho que não conseguia parar de tossir na infância, hein? Como mercenário, ele começou a se interessar bastante por engenharia e, portanto, matemática. Ficou tão obcecado, na verdade, que começou a ter visões sobre a ciência.

Um belo dia de inverno, ele e seus amigos mercenários estavam em uma cidade da Baviera chamada Neuburgo do Danúbio quando, para escapar do frio insuportável, Descartes resolveu se trancar em uma sala com uma espécie de aquecedor. Nesse local, ele diz ter tido três sonhos. Em um deles, lhe foi revelada a geometria analítica, a mistura da geometria euclidiana com conceitos algébricos. Descartes também atribuiu as descobertas a uma dor de cabeça insuportável. O fato é que nosso amigo saiu daquele quarto completamente mudado, decidido a deixar a vida de mercenário e se dedicar às dores e delícias da matemática e da filosofia.

Graças a esse episódio, hoje temos o sistema de coordenadas cartesiano, usado para especificar pontos em um espaço com dois eixos que se cruzam. Esse sistema possibilita análises matemáticas mais precisas e, claro, provocou um grande avanço na cartografia, em uma época (1673) em que o "Novo Mundo" ainda estava sendo descoberto por exploradores europeus.

Tendo em vista sua enorme contribuição para a ciência e para a filosofia, a morte de Descartes certamente parece uma anedota. Em seus últimos dias, ele dava aulas para a rainha Cristina, em Estocolmo, a qual exigia que todas as suas lições começassem precisamente às 5h da manhã. Como Descartes estava acostumado a ficar na cama até meio-dia (em sua defesa, muitas vezes ele trabalhava em meio aos lençóis), acredita-se que seu organismo não se acostumou à mudança de hábito. Sua imunidade baixou e ele acabou contraindo uma pneumonia e morrendo após dez dias de doença. Pudera. O tratamento recomendado foi uma sangria, que consiste em, basicamente, tirar parte do sangue do paciente.

Mas o que é a morte para um grande cérebro? O fim da vida de Descartes não representou o término de suas aventuras. Por ser um católico morto em um país de protestantes, ele foi enterrado em um cemitério de uma igreja em Estocolmo, usado principalmente para enterrar órfãos. Como o cemitério não era considerado digno de sua grandeza, posteriormente seus restos mortais foram para a cripta de Saint-Étienne-du-Mont, uma igreja francesa onde Blaise Pascal também foi enterrado. Muitos anos depois de sua morte, em 1792, Descartes fez uma nova viagem póstuma. Tentaram uma vaga para ele no Panteão, em Paris, mas seus restos acabaram na abadia de Saint-Germain-des-Prés. Só que não chegaram até o local de descanso final intacto: seu crânio e alguns dedos desapareceram.

Acredita-se que os dedos estejam perdidos para sempre, transformados em joias e outros artefatos bizarros (afinal, quem não quer ter um brinco feito de falanges de um gênio?). Por sua vez, o crânio está no Museu do Homem, um museu etnográfico de Paris, como parte de uma exposição que se inicia com um crânio de Cro-Magnon, passa pelo de Descartes (levemente protuberante) e termina, em um tom poético, com o fim (por ora) da cadeia evolutiva: uma projeção da cabeça do próprio visitante.

Essa é a história oficial. Isso porque o crânio pode ter se perdido muito antes, e, segundo uma matéria publicada no jornal inglês *The Guardian*, haveria outros três possíveis crânios de Descartes espalhados pelo mundo. De qualquer maneira, o pai do dualismo foi vítima de uma verdadeira ironia do destino: achava que a consciência poderia ser separada do corpo e, literalmente, perdeu a cabeça.

♠ CAPÍTULO 6 ♠
Ossos, anticristo e logaritmos

Qualquer um que tenha estudado logaritmos no colégio não estranharia vê-los listados ao lado das outras palavras que formam o título deste capítulo. Mas, acredite se quiser, essas palavras não estão juntas pela dificuldade da disciplina, mas sim pelo criador do sistema de logaritmos, John Napier (1550-1617).

Napier foi um matemático escocês que teve a sorte de nascer em uma família suficientemente rica para sustentar suas excentricidades de gênio. Aos 13 anos, entrou para a Universidade de St. Andrews, mas decidiu que era esperto demais para o meio acadêmico e não se formou (e você achando que largar a faculdade era coisa de contemporâneos). O fato é que ele realmente era muito inteligente, e foi o inventor dos logaritmos, um mecanismo matemático que possibilita efetuar multiplicações e divisões muito grandes, poupando quem faz a operação de muitos zeros. A escala Richter, que mede terremotos, é baseada em um logaritmo, assim como o pH da química.

Para entender como esse sistema funciona, é necessário se basear no princípio de que é possível multiplicar potências somando seus expoentes. Então:

$2^1 = 2$
$2^2 = 4$
$2^1 \times 2^2 = 2^3$
$2 \times 4 = 8$

O logaritmo de um número é a potência à qual a base deve ser elevada para produzir o primeiro número. Ou seja, no exemplo apresentado, o logaritmo do número 2 é 1, já que é $2^1 = 2$. Se a base for 2 e o resultado 16, o logaritmo deve ser 4, pois $2^4 = 16$. Com a notação adotada para facilitar a vida dos matemáticos: $log_2 = 16$.

Você deve estar pensando se não seria mais fácil manter a notação antiga. Quando as quantidades são pequenas, sim. Mas se for necessário calcular de cabeça quanto é 2^{13}... Nesse caso, o sistema de logaritmos ajuda a escrever mais rapidamente que $2^4 \times 2^4 \times 2^4 \times 2^1 = 2^{13}$, ou 8.192. Traduzindo: $log_2 8.192 = 13$.

Ainda não é a coisa mais fácil do mundo. Tanto que, em 1620, um suíço chamado Joost Bürgi (1552-1632) publicou uma tabela de logaritmos que servia para consultar os números a serem multiplicados, somar seus logaritmos e encontrar o antilogaritmo, ou seja, a resposta. As crianças do século XX ainda usavam esse sistema da tabela para fazer suas operações, encontrando raízes e potências com rapidez. Depois, as calculadoras passaram a acelerar o processo. Portanto, considere-se uma pessoa de sorte.

Essa descoberta foi a responsável por grandes avanços científicos, especialmente na astronomia, já que cientistas começaram a calcular grandezas maiores. Um exemplo mais palpável é a escala Gunter, uma grande tabela de logaritmos desenvolvida para calcular viagens marítimas.

Napier também criou um mecanismo de cálculo, não relacionado com os logaritmos. Esse sistema era tão assustador que foi batizado de "ossos de Napier". O nome macabro é inspirado no formato do dispositivo, que tinha várias hastes com tabelas de multiplicação, algo parecido com uma régua de cálculo. O objetivo era poupar matemáticos de memorizar multiplicações longas.

E o que Napier fazia com toda essa matemática? Pensava na guerra. Ele chegou a apresentar para o rei Jaime VI da Escócia ideias para construir um tanque de guerra rudimentar: uma carruagem de metal com furos para o disparo de armas. Também calculou e desenhou projetos de artilharia de longo alcance. Todos os seus projetos bélicos, no entanto, ficaram apenas no papel.

Além de seu interesse por matemática e guerras, Napier também era um ferrenho defensor da Reforma Protestante. Ele chegou a escrever tratados de teologia e tinha certeza absoluta de que o papa era o anticristo encarnado na Terra. Caso você queira questioná-lo sobre o que ele descobriu a respeito dos reinos do céu no pós-morte, pode tentar trocar uma ideia com ele na Igreja de St. Cuthbert, em Edimburgo, onde foi enterrado.

♠ CAPÍTULO 7 ♠
Como Galileu desafiou pombos e a Igreja

Em Pisa, aquela cidade italiana com uma torre "levemente" inclinada, havia um sujeito chamado Vincenzo Galilei. Ele era músico e, além de se achar muito sagaz com rimas e batizar seu filho de Galileu Galilei (1564-1642), considerava-se muito esperto e adorava discutir sobre ciência. Tal paixão o fez gastar todo o seu dinheiro matriculando seu pimpolho na universidade, na esperança de que Galileu se tornasse um médico importante.

Só que o músico esqueceu de consultar o filho sobre sua vocação. Na universidade, o cara percebeu que medicina não era para ele e se apaixonou perdidamente pela matemática. Quando anunciou ao pai que trocaria de curso, ele comprou uma das primeiras brigas feias de sua vida.

Um belo dia, Galileu estava na missa quando percebeu um fenômeno curioso (pelo menos para ele): um candelabro pendurado no teto balançava de um lado para outro, cada vez mais lentamente. Devia estar animada essa missa, hein? Então, ele começou a medir a duração de cada ciclo de movimento usando a pulsação de seu coração como parâmetro. Galileu abandonou a missa e foi para casa pensar no que havia visto. Depois de simular o fenômeno com outros objetos, ele formulou algumas leis sobre o movimento de pêndulos e descobriu que o peso do pêndulo não altera seu tempo de oscilação. Einstein viria a explicar direitinho o porquê alguns séculos depois.

Galileu começou a achar que seu talento estava sendo desperdiçado em um curso na universidade, e arrumou um emprego como professor particular em Florença. Mas engana-se quem acha que ele ficaria para sempre naquela cidade vivendo de migalhas. Ele fez amizade com um marquês chamado Guidobaldo del Monte (1545-1607).

Guidobaldo tinha uns contatinhos para quem mandou umas cartas, e conseguiu que Galileu fosse contratado na Universidade de Pisa, a mesma que o matemático havia abandonado quando era estudante. Isso que é dar a volta por cima!

Como professor, Galileu continuou observando fenômenos que parecem comuns, mas com um olhar diferente. Naquela época, a palavra de Aristóteles era lei, e a teoria do grego dizia que se dois objetos com pesos diferentes são lançados ao mesmo tempo, o mais pesado atingirá o chão primeiro. Contudo, ainda com os pêndulos em mente, Galileu percebeu que se largasse duas pedras de pesos diferentes na mesma hora, ambas atingiam o chão ao mesmo tempo.

Quando ele contou isso para seus colegas, as pessoas acharam que Galileu estava ficando doido. Então, ele resolveu fazer um grande experimento para atrair a curiosidade pública e esfregar na cara de todos que estava certo. Ele subiu até o topo da famosa Torre de Pisa carregando duas bolas de chumbo, uma 20 vezes mais pesada do que a outra. Segundo a teoria de Aristóteles, a esfera mais pesada deveria chegar no chão antes. Mas não foi o que aconteceu: as duas caíram praticamente ao mesmo tempo. (Praticamente, porque a resistência do ar em relação ao tamanho da superfície do objeto deve ser considerada: corpos com maior área de superfície sofrem mais resistência do ar e isso atrasa a sua queda, mesmo que eles possam ser mais pesados do que outros objetos menores.)

Galileu achou que estava por cima da carne-seca depois dessa demonstração, mas seu contrato com a Universidade de Pisa estava chegando ao fim e, por conta da sua personalidade, digamos, forte, os administradores acharam por bem não o renovar. Nosso amigo acabou indo para o olho da rua!

No entanto, o súper Guiobaldo interferiu novamente e arranjou um bico para Galileu na Universidade de Pádua, onde ele desenvolveu um conceito menos científico: o de festar. Dizem que, uma noite, ele bebeu tanto que adormeceu com dois amigos em um hotel com um buraco na parede que levava para um porão gelado. O vento foi tão forte que os amigos de Galileu adoeceram e morreram, e o próprio cientista ficou de cama. Ele se livrou da morte por conta da cachaça, mas sofreu as consequências da bebedeira para o resto da vida, tendo desenvolvido um tipo de reumatismo incurável após aquela noite de festa.

Depois desse papelão, Galileu se aquietou e desenvolveu uma ferramenta surpreendente, que batizou de "compasso militar", um instrumento muito mais sofisticado do que aquele que se usa na escola para traçar círculos e cutucar os inimigos. Com esse compasso, é possível calcular raízes quadradas, resolver problemas de trigonometria, calcular rotas em um mapa e muito mais – tudo isso feito com base nas proporções entre lados análogos de triângulos semelhantes. Estima-se que Galileu tenha fabricado cerca de 100 exemplares do compasso para usar em aulas na universidade. E você feliz porque seu professor te deu uma balinha no primeiro dia de aula...

Com esse sucesso no currículo, Galileu arrumou uma companheira, Marina Gamba. Apesar de não terem se casado na igreja, os dois viviam juntos e tiveram filhos. Mas se você acha que o cientista passou a ter uma vida tranquila de pai de família depois disso, está redondamente enganado.

Você se lembra da "nova" estrela observada por Tycho Brahe? A que hoje sabemos se tratar de uma "supernova"? Galileu também notou que havia uma estrela diferente no céu da Itália, e que ela devia estar muito além da Lua. E mais: ele percebeu que ela não estava orbitando a Terra, como a Igreja e a maior parte das pessoas acreditavam que o Universo fazia.

O interesse de Galileu por fenômenos astronômicos aumentou e lhe rendeu frutos. Além de fazer horóscopos como *freelancer*, ele aprimorou um curioso instrumento: um tubo com vidros nas duas pontas. Conhecido como trompa holandesa, esse artefato mostrava objetos distantes mais nitidamente, dando a impressão de que eles estavam mais próximos. Só que, na época, uma belezinha dessas custava o olho da cara. E como o salário de um professor já não era aquela coisa, Galileu resolveu criar a sua própria versão. Nascia o seu famoso telescópio.

Com o aparato, ele observou um planeta que mudava de forma (Vênus, com suas diferentes "fases"), as luas de Júpiter e até um planeta com "orelhas", como ele chamou os anéis de Saturno. Essas observações lhe renderam o livro *O mensageiro das estrelas*, que continha até anagramas com mensagens secretas para outros astrônomos, como Kepler. Esperto que só, Galileu dedicou o livro ao poderoso grão-duque de Pisa, Cosme II de Médici.

O grão-duque, envaidecido com a homenagem, tratou de trazer Galileu de volta à Universidade de Pisa – e com uma baita promoção. Ele se tornou o matemático-chefe da instituição, o que, na prática, significa que ele ia mandar naqueles que não quiseram renovar o seu contrato. Pelo visto, mesmo sem querer, Galileu provou que o mundo dá voltas, não é mesmo? O cientista começou a chamar aqueles que se opunham a ele de Liga dos Pombos. Isso porque o líder dos opositores era Ludovico delle Colombe, e "colombe" em italiano significa "pombos" (e "pombo", em alguns dialetos, é gíria para "idiota"). Espertinho, esse Galileu.

Em 1611, um cientista chamado Christoph Scheiner (1573-1650) escreveu um estudo afirmando que o Sol possuía manchas, as quais eram pequenas estrelas. Galileu ficou ensandecido e escreveu uma resposta, refutando a teoria. Só que, na resposta, nosso amigo dava a entender que a Terra girava ao redor do Sol, e não ao contrário. Foi o suficiente para a Liga dos Pombos acusar o cientista de heresia.

Galileu, na verdade, era católico, mas acreditava que as ideias da Igreja sobre o movimento planetário estavam erradas. Ele dizia que a verdade estava escrita em um grande livro: o Universo. Como você pode imaginar, por mais religioso que o cientista fosse, os padres, em plena Inquisição, não curtiram muito seus argumentos. O bafafá chegou até o papa Paulo V, que criou uma comissão para investigar se o que Galileu dizia ia contra as crenças da Igreja. Os membros dessa comissão não tiveram dúvida: o cientista estava, sim, contradizendo a Bíblia.

Como punição, Galileu teria de refutar publicamente sua teoria. Só assim ele teria permissão para continuar estudando o movimento dos planetas. Ou seja, ele poderia estudar como os astros se moviam, mas não contar a verdade!

O puxão de orelha do Vaticano teria colocado medo na maior parte dos cientistas da época. Mas certamente não teve o efeito desejado em Galileu. Mesmo prometendo ficar quietinho, ele não se segurou ao ver um cientista chamado Orazio Grassi (1583-1654) afirmar que três cometas recém-avistados orbitavam a Terra. E lá foi o cara publicar seus argumentos contra o estudo de Grassi.

A sorte de Galileu é que um novo papa havia assumido o comando. Urbano VIII gostava de ciência e curtia ler os estudos de Galileu, convidando-o para uma visita. O cientista, que não era bobo nem nada, resolveu levar um microscópio de presente para o papa. Mas, apesar de ser mais aberto à ciência que seu antecessor, Urbano VIII não estava convencido de que a Terra não era o centro do Universo. E o resultado do encontro entre os dois foi que Galileu recebeu a encomenda de um estudo para explicar as duas teorias do movimento dos astros: a geocêntrica, em que a Terra está no meio de tudo, e a heliocêntrica, em que são os planetas que orbitam o Sol. No entanto, a condição para publicação do estudo era demonstrar que o heliocentrismo era uma teoria equivocada.

O resultado foi a obra *Diálogo sobre os dois principais sistemas do mundo*. Como o título sugere, o livro é construído em forma de conversa, na qual três personagens discutem o movimento dos planetas. O primeiro, mais neutro e chamado Sagredo, é inspirado em um amigo de Galileu cujo nome era Giovanni Sagredo. O segundo, Salviati, baseado no amigo Filippo Salviati, acredita que a Terra se move ao redor do Sol e defende a teoria de Copérnico. E o terceiro, batizado com o nome nada sutil de Simplício, defende a teoria geocêntrica. Há quem diga que Simplício é baseado em Ludovico delle Colombe, líder da Liga dos Pombos, ou em Cesare Cremonini, um colega da Universidade de

Pádua que se recusara a olhar no telescópio por acreditar que Deus não havia criado nada além do que seus olhos poderiam ver.

Em *Diálogo*, Galileu usa a diferença de tamanho dos planetas para provar que eles se distanciam da Terra em órbitas diferentes. O papa Urbano VIII, apesar de mais tolerante, não ficou nada feliz com o resultado da encomenda, inclusive porque se identificou com o personagem Simplício.

Em 1633, o livro de Galileu foi incluído na lista de obras proibidas pela Igreja e ele foi intimado a ir até o Vaticano para ser julgado pela Inquisição. O cientista foi condenado à prisão perpétua e proibido de publicar qualquer coisa pelo resto da sua vida, além de precisar assinar um termo desacreditando tudo o que havia escrito em *Diálogo*.

Graças a seus amigos poderosos, o velho Galileu, agora com 69 anos, recebeu permissão para cumprir prisão domiciliar pelo resto de seus dias, nas proximidades de Florença. Mas engana-se quem achou que essa seria a derrota do cientista. Em 1638, ele contrariou as ordens da Igreja e conseguiu contrabandear um manuscrito para fora da Itália e publicá-lo na Holanda. Era a obra *Discursos e demonstrações matemáticas concernentes a duas novas ciências*, que trazia uma nova conversa entre os mesmos três personagens anteriores, inclusive Simplício, o bobão.

Em seus últimos anos de vida, Galileu ficou cego, mas não inativo. Mesmo sem a visão, ele inventou o relógio de pêndulo, que acabou sendo construído por seu filho, Vincenzo. Galileu morreu em 1642, por problemas cardíacos. Ironicamente, foi sepultado em uma igreja, na Basílica de Santa Cruz, em Florença. Seu túmulo é adornado com a figura do próprio cientista segurando seu inseparável telescópio e olhando para o céu. A tumba fica em frente ao local de descanso do pintor renascentista Michelangelo. Desse modo, o visitante pôde "ficar perto" de dois dos maiores símbolos da ciência e da arte.

Quanto à condenação de Galileu, somente em 1992 o papa João Paulo II revogou a sentença da Igreja, 360 anos depois.

♠ CAPÍTULO 8 ♠
Calculando o seu azar

Vamos falar de mais um garoto prodígio, o francês Blaise Pascal (1623-1662), que publicou seu primeiro tratado de matemática sobre geometria projetiva aos 16 anos. Seu interesse por cálculos tem uma explicação estranha: órfão de mãe, Pascal foi educado pelo pai, que era matemático amador e coletor de impostos na cidade francesa de Rouen. Por algum motivo, o pai decidiu que ele não deveria estudar matemática até completar 15 anos. Enquanto muita gente comemoraria esse livramento, Pascal ficou se perguntando o que tinha de tão estranho na matemática para que seu pai o proibisse de estudá-la. Bem, o menino começou a estudar escondido e acabou se tornando muito bom no assunto.

Em 1642, Pascal começou a trabalhar em uma máquina que substituiria o papel na hora de fazer contas. "Apenas" 50 protótipos depois, ele tinha uma gloriosa calculadora mecânica que ele, nada modestamente, apelidou de Pascaline. A invenção era uma caixa com uma série de engrenagens com entalhes. Uma volta completa de uma dessas engrenagens movia a seguinte, aumentando ou diminuindo a grandeza do número em um sistema decimal. Apesar de poder chegar ao número 9.999.999, a máquina possibilitava somente somar e subtrair. Acredita-se que oito Pascalines originais tenham sobrevivido, e quatro delas estão expostas no Museu de Artes e Ofícios de Paris. O trabalho de Pascal era tão avançado que Descartes tinha certeza de que o verdadeiro autor de seus estudos era seu pai, e não o rapaz prodígio.

Acredite se quiser, mas a máquina calculadora de Pascal não é sua contribuição mais importante para a matemática. Seu trabalho com a teoria da probabilidade foi, sem dúvida, o mais digno de nota. Para falar de probabilidade, no entanto, dois outros personagens precisam entrar nessa história. O primeiro é o famoso matemático italiano Girolamo Cardano, que já apareceu aqui quando falamos sobre Tartaglia e as equações cúbicas. Por ser um notório apostador, Cardano era muito interessado na teoria da probabilidade, que poderia revelar suas chances de sucesso em jogos de azar, o que nunca foi garantia de vitória para ele, como indicava sua conta bancária.

O segundo personagem é Pierre de Fermat (1607-1665), um jurista que se dedicava à matemática como um *hobby* – no qual ele era muito bom, tendo, inclusive, protagonizado algumas discussões acaloradas com Descartes sobre cálculos e geometria. Conforme vimos anteriormente, dá para perceber que Descartes não era um cara muito aberto a ideias de outras pessoas, né? Uma vez, o filósofo e matemático francês desafiou Fermat a encontrar a tangente de uma curva algébrica batizada como "folium de Descartes", um problema que seu próprio autor era incapaz de resolver. Pois Fermat apresentou a solução usando um novo método inventado por ele mesmo. Não sabemos exatamente qual foi a reação de Descartes, mas é de se imaginar que ele não tenha ficado contente.

De volta a Pascal, no dia 24 de agosto de 1654, ele escreveu uma carta para Fermat. Mal sabia ele que aquilo era o início de uma teoria que faria a humanidade parar de acreditar que tudo é uma questão de sorte, ou de intervenção divina. Hoje é trivial a previsão meteorológica indicar 70% de chance de chuva, ou calcular a probabilidade de se dar bem ao investir em determinadas ações. Aristóteles já dividia os acontecimentos em três categorias: os que certamente acontecerão, como o nascer do Sol no dia seguinte; os que provavelmente podem acontecer, como o ônibus esperado passar na hora marcada; e os imprevisíveis, como quando você tropeça e quebra o pé a caminho do trabalho. Os jogos de azar entram nessa última categoria, e Aristóteles provavelmente acreditava que tirar o número 6 num lance de dado era simplesmente um golpe de sorte, imprevisível.

Mas ao jogar os dados repetidamente, é possível ver que certos padrões começam a surgir. Por exemplo, ao jogar dois dados de seis faces, é mais provável obter um total de, digamos, 7 do que 12. Por quê?

Em suas primeiras correspondências, Pascal e Fermat se dedicaram a um problema proposto pelo matemático italiano Luca Pacioli (1447- -1517), batizado de "o jogo interminado". Nele, dois jogadores resolvem tirar um cara ou coroa em um esquema "melhor de cinco", ou seja, vence quem acertar o maior número de vezes em cinco jogadas. Vamos supor que eles apostem uma graninha, uns 20 contos. Por algum motivo (a hora do almoço ou uma vontade incontrolável de ir ao banheiro, por exemplo), eles precisam parar de jogar antes de concluir as cinco rodadas. Qual é a forma justa de dividir o dinheiro apostado?

Você pode dizer que, como eles não terminaram o jogo, cada um deveria pegar metade dos 20 contos e ir para casa. Mas e se algum dos jogadores estiver com vantagem? Se o placar estiver 2 a 1 e faltar apenas uma jogada para um deles vencer? Como dividir essa grana de maneira justa? A resposta, de acordo com nossos amigos matemáticos, não é meiar o dinheiro, mas entender a probabilidade do jogador que está na frente de manter sua vantagem até o fim do jogo ou de ocorrer uma virada.

Vamos chamar o jogador que tem mais acertos de A, e o outro de B. As regras do jogo estabelecem mais duas jogadas da moeda. Como a cada jogada as chances de cada um dos jogadores ganhar é 1/2, podemos dizer que esses são os resultados possíveis:

- AA: duas vitórias para o jogador A, com o A vencendo o jogo;
- AB: primeira vitória do jogador A, segunda do B, com o A vencendo o jogo;
- BB: duas vitórias do jogador B, sendo o único cenário em que ele sairia vitorioso;
- BA: primeira vitória do jogador A, segunda do B, com o A vencendo o jogo.

Portanto, há somente ¼ de chance de o jogador B ganhar essa partida. Logo, se o dinheiro for dividido com base nas probabilidades de cada um vencer, o jogador A deve ficar com 15 contos, enquanto o B leva 5.

Cardano já havia discutido o tema em *Liber de Ludo Aleae* (Livro dos Jogos de Azar), em que, em meio a outras dicas para se dar bem na jogatina, ele explica as probabilidades de sair vitorioso em jogos em que há múltiplas repetições, mostrando, inclusive, como combinar as chances de jogos de dados. Sabemos que a probabilidade de se tirar o número 2 ao lançar um dado de seis faces, não viciado, é de 1 em 6 (⅙). Então, qual é a probabilidade de se tirar um 2 e, em uma nova jogada, 2 novamente? A resposta é: ⅙ × ⅙ = 1/12, ou seja, 1 em 12.

Parecem exemplos bobos, mas, por meio de jogos de azar, esses caras puderam compreender o futuro ao criar modelos matemáticos de previsão.

Apesar de a troca de correspondências entre Pascal e Fermat ter, de fato, mudado a ciência no mundo, eles nunca se encontraram pessoalmente. Em uma ocasião, quando Pascal estava em Clemont, perto de Toulouse, onde Fermat morava, o jurista até tentou encontrar o amigo, mas Blaise já estava doente e não conseguia se mover direito, o que impediu os dois de se verem. Dois anos depois, Pascal morreu.

♠ **CAPÍTULO 9** ♠
Não provoque Newton, ele pode esfregar seu nariz em uma igreja

Newton... Como começar a falar sobre aquele que pode ser considerado um dos maiores gênios da humanidade e, ao mesmo tempo, o rei das tretas da matemática? Para isso é preciso voltar ao solar de Woolsthorpe, nas proximidades de Lincolnshire, na Inglaterra.

Em uma noite fria, Hannah Newton, uma jovem viúva, deu à luz o filho do falecido marido, um fazendeiro morto apenas dois meses antes. O estresse fez com que Hannah entrasse em trabalho de parto mais cedo do que o esperado. Isaac nasceu com apenas 1,3 kg, e era tão pequenino e frágil que os responsáveis pelo parto não esperavam que ele fosse sobreviver um dia sequer. Foi aí que Newton começou sua carreira de passista especializado em sambar na cara da sociedade. O cientista viveria por saudáveis 84 anos.

Não que os primeiros anos tenham sido fáceis, longe disso. Pouco antes do primeiro aniversário do bebê, uma guerra civil irrompeu na Inglaterra, obrigando ele e sua mãe a deixarem Lincolnshire, onde casas estavam sendo queimadas em meio à revolta.

Dois anos depois, Hannah encontrou um novo "crush", um pastor de 63 anos chamado Barnabas Smith. Os pombinhos se casaram e foram viver na paróquia de Smith, em North Witham, mas não levaram o pequeno Isaac com eles, que ficou sob os cuidados da avó materna, a sra. Ayscough. Com o passar dos anos, Newton foi ficando amargurado com a falta de atenção da mãe e, ainda criança, chegou a ameaçar incendiar a casa em que ela vivia com o pastor.

Barnabas Smith morreu quando Newton tinha por volta de 10 anos (Hannah não dava sorte mesmo), então, Isaac voltou a morar com a mãe e seus três novos irmãos, frutos do casamento dela com

Smith: Marie, Benjamin e a bebê Hannah, batizada em homenagem à genitora. Eles retornaram ao solar de Woolsthorpe e passaram a viver na fazenda do pai de Isaac.

Quando não estava ameaçando ninguém, Isaac passava boa parte do seu tempo matutando. Desde pequeno, desenvolveu um interesse peculiar sobre relógios de sol. Construiu vários, e passava horas observando o movimento da sombra do ponteiro.

Naquela época, quando muitos dos fazendeiros não sabiam nem ler ou escrever, seria esperado que Newton aprendesse apenas o ofício de fazendeiro e passasse a cultivar a terra. Mas, em um golpe de sorte, Hannah viu que tinha uma boa graninha sobrando e enviou seu primogênito (que não tinha muito jeito mesmo para ser fazendeiro) para a Escola de Gramática "Rei Edward VI". Como o próprio nome indica, os alunos aprendiam gramática, do latim e do grego.

Os ingleses ensinavam essas línguas na escola porque os textos mais importantes do Ocidente até então tinham sido escritos nesses idiomas. Essa oportunidade foi essencial para Newton estudar vários dos nomes citados em capítulos anteriores, formando uma base para suas próprias descobertas.

Além da gramática, a mãe de Isaac acabou metendo-o em outra enrascada. Como a escola era relativamente longe de casa, ela arranjou uma moradia temporária para o filho com o boticário da cidade, o sr. Clark. Por um lado, Newton ficou feliz, pois teria acesso ao conhecimento e ao equipamento do sr. Clark. Por outro, a oportunidade não era tão boa, já que precisaria conviver com um dos seres mais detestáveis com os quais tinha deparado: Arthur, enteado do sr. Clark.

Arthur frequentava a mesma escola que nosso gênio amargurado e não o deixava em paz. Como nos primeiros anos as notas de Newton em gramática não eram brilhantes (afinal, ele não se interessava pela matéria), Arthur o chamava de burro e preguiçoso e partia para agressões físicas. Um belo dia, Isaac não aguentou mais, chamou o adversário para uma briga após a aula, deu uma bela surra nele e, para humilhá-lo, achou que seria uma boa ideia esfregar seu nariz na parede de uma igreja próxima ao local.

A briga fez Newton prometer para si mesmo que nunca mais seria chamado de preguiçoso ou burro. Então, ele passou a se dedicar com afinco na escola, tornando-se um dos melhores alunos em pouco tempo. Também passou a construir mais modelos de relógios de sol e algumas engenhocas mais sofisticadas (como modelos de moinhos de vento), e a estudar química e matemática. Só que o lado "vida louca" do rapaz não se aquietou por causa de sua aplicação nos estudos. Muito pelo contrário. Uma de suas famosas invenções da adolescência foi uma pipa de papel com fogos de artifício, que ele soltava na calada da noite para assustar o pessoal da cidade. E lembra de quando ele esfregou o nariz de Arthur na parede de uma igreja? Sua fixação por paredes não parou aí: Isaac começou a escrever coisas em muros. Isso mesmo, ele era um pichador.

Os desenhos de Newton muitas vezes eram figuras geométricas, mas podiam incluir até retratos do rei Carlos I. Desenhar o rei na época em que ele tinha sido decapitado durante a guerra civil era uma ideia perigosa (mais adiante, você vai entender o porquê).

Quando Isaac tinha 17 anos, sua mãe o chamou de volta para morar na fazenda e tocar os negócios da família. Mas Newton não tinha aprendido nada na escola sobre administração, muito menos sobre plantações e criações de animais. E mais: voltar para a fazenda foi o que fez o moço ser fichado pela polícia.

Ele ficava tão distraído com suas invenções que não conseguia cuidar direito dos animais. As cercas da fazenda estavam caindo aos pedaços e os bichos escapavam. Certa vez, as ovelhas e os porcos foram parar na plantação do vizinho e causaram o maior estrago. Ele tomou uma multa de 4 xelins (o que era uma boa grana na época) e ficou com o nome sujo, registrado na polícia da cidade.

No fim das contas, a família de Isaac viu que seria inútil deixá-lo no comando da fazenda. Seu tio, William Ayscough, havia estudado na

Trinity College de Cambridge e convenceu a mãe de Newton a deixar o filho entrar na instituição também. Para se preparar para a universidade, Isaac foi morar novamente com o sr. Clark e, durante esse período, teve o único romance do qual se tem conhecimento, com Catherine Storer, a enteada do sr. Clark.

Mas o namoro não deu em nada e, aos 18 anos, Newton entrou na faculdade. Era o aluno mais velho e mais pobre. Não que a família passasse necessidade, é que sua mãe não enviava dinheiro para ele. Então, para se sustentar, ele trabalhava como *subsisar*, um bolsista que precisava servir as refeições para os alunos ricos e limpar seus penicos. Dá até para imaginar como Isaac se sentia com essa situação.

Mas enquanto esses alunos ricos aproveitavam o período da faculdade para se jogar nas festas, Newton quebrava a cabeça nos estudos. Ele foi se aproximando da religião e desenvolveu um *hobby* bem questionável: fazer listas de pecados, compilando tudo o que já tinha feito de terrível na vida.

Isaac Newton se formou em janeiro de 1665, e foi a partir daí que a vida dele e o mundo começaram a mudar. Em pouco mais de um ano, Newton desenvolveu as seguintes teorias: o teorema do binômio, o estudo das tangentes, a teoria da gravidade, o cálculo diferencial, a teoria das cores e o cálculo integral. Está bom ou quer mais?

O que cada uma dessas coisas faz e por que tudo isso mudou o mundo? Bem, a explicação para o teorema do binômio é extremamente complexa (e este é um livro de matemática de humanas, lembra?), então vamos nos ater à parte em que graças a ela é possível calcular logaritmos precisamente e também trabalhar com números muito, muito longos – Newton chegou a calcular com números de 55 casas decimais!

Passando para as tangentes: elas são linhas retas que tocam uma curva em um ponto. Naquela época, o pessoal estava bastante interessado em astronomia e no movimento dos astros, mas ninguém sabia dizer, por exemplo, por que a Lua se movia daquele jeito. Vários matemáticos tentaram descrever esse movimento com equações, mas falharam. Então,

Newton percebeu que poderia dividir esse caminho em várias e pequenas linhas retas, com o astro tocando suas tangentes. Com isso, era possível mapear onde o corpo celeste estava em cada momento e a sua direção.

O que nos leva à próxima grande descoberta do Isaac, que ele batizou de "fluxões", mas que você talvez conheça como o temível "cálculo diferencial". Esse método ajuda a solucionar contas gigantescas com o mesmo princípio descrito anteriormente, dividindo as coisas em pedaços menores até chegar ao resultado. Com o cálculo diferencial, é possível medir inclinações de curvas em qualquer ponto. E o mesmo método pode ser usado para calcular diferentes grandezas que variam, como aceleração, volume e fluxo de campos eletromagnéticos. Dá para entender como essa descoberta foi significativa?

Talvez o próprio Newton não tivesse essa noção. Ou talvez achou o conhecimento tão precioso que quis guardá-lo para si. O fato é que, ao criar o cálculo diferencial, ele simplesmente anotou a técnica em um caderninho e NÃO CONTOU PARA O RESTO DO MUNDO. Essa decisão certamente foi uma das piores de sua vida (você vai entender o porquê logo menos).

Newton era amigo de outro Isaac, o Barrow (1630-1677), que foi o primeiro professor lucasiano de Cambridge, título dado para verdadeiros gênios (um dos últimos detentores do cargo foi ninguém menos que Stephen Hawking). Quando criou o cálculo diferencial, Newton mostrou suas descobertas para Barrow, que, empolgadíssimo, procurou um editor para publicar o estudo. Mas Newton, zelando por seu segredo, não quis que o livro saísse.

Alguns anos depois, em 1684, um alemão chamado Gottfried Leibniz (1646-1716) teve a mesma ideia de Newton e publicou um estudo sobre o cálculo diferencial, que poderia ser usado para calcular a trajetória de Isaac caindo do cavalo ao ver sua preciosa invenção sendo creditada a outro.

Ele ficou transtornadíssimo, mas ainda assim levou um tempo até permitir que sua versão fosse divulgada, o que aconteceu somente em

1704. Ele afirmava que havia descoberto as "fluxões" antes, o que gerou o maior bate-boca entre os nerds da Inglaterra com os nerds do resto da Europa. Afinal, quem era o grande gênio?

Newton defendeu até a morte a teoria de que o editor que Barrow havia procurado para publicar seu trabalho compartilhara seus rascunhos com Leibniz, que, por sua vez, copiou descaradamente as fluxões. Hoje, a invenção do cálculo diferencial é creditada tanto ao inglês quanto ao alemão, como se tivessem sido ideias simultâneas.

Uma das maiores provas de que Leibniz não copiou Newton foi que a notação que ele usou para descrever o cálculo diferencial era muito mais fácil do que as complicadíssimas fórmulas de Isaac. E é essa notação que se usa até hoje.

Mas vamos falar sobre a mais famosa história de Newton, aquela com a maçã. No outono de 1665, nosso amigo genial havia voltado para a fazenda de sua mãe por conta da peste bubônica, que assolava Londres. Durante esse "retiro", Isaac leu muitas obras de outros cientistas, como Kepler e Galileu (lembra deles?). Reza a lenda que ele estava com as ideias desses caras na cabeça, ruminando seus pensamentos sob uma macieira, quando uma maçã o atingiu na cabeça.

Uma pessoa normal amaldiçoaria a maçã. No entanto, Newton tomou aquele acontecimento e juntou com as ideias sobre astronomia que andavam ocupando sua mente.

Imagine que a maçã seja a Lua. Por que, lá do alto, ela não cai na Terra? E, se ela se move ao nosso redor, por que não se afasta? Compare nosso satélite natural a uma bola presa em um barbante. Se você girar o barbante para mover a bola em círculos, sentirá o barbante tensionando, mas a bola (Lua) não escapa, continua sua trajetória.

Então, a Terra devia ter um "barbante" que mantinha a Lua em nossa órbita. Uma força invisível que Newton chamou de "gravitas" e que não era uma ideia original dele. Desde a Antiguidade, a força que nos puxava para o chão era conhecida como *gravitas*. Mas Isaac foi o primeiro a pensar que essa força ficava mais fraca quanto mais longe se estava da

Terra. Na época, provar essa ideia matematicamente era difícil. Mesmo usando as leis de Kepler, faltavam informações, como o diâmetro do nosso próprio planeta.

Já deu para perceber como era nosso amigo cientista. Se ele achava que havia uma mínima probabilidade de alguém criticar o seu trabalho, ele o guardava em um caderninho secreto e não mostrava para ninguém até se convencer de que aquela lógica estava perfeita. E foi o que ele fez com a teoria da gravidade, que só veio a público vinte anos depois, quando Newton escreveu um dos mais célebres livros de ciência da história, *Principia*.

Depois da publicação, Newton viajou para Woolsthorpe, onde se encantou por um prisma de vidro que encontrou em uma feira. E foi esse objeto que deu início a uma das fases mais loucas das pesquisas do sujeito.

Isaac Newton começou a analisar como a luz se separava em cores uma vez que atingia o prisma. Ele passou a questionar a ideia vigente na época que afirmava que uma cor era criada ao se misturar um tanto de "claro" com um punhado de "escuro". Então, ele pensou que as cores pudessem ter algo a ver com os olhos. Você está preparado? Bem, Newton começou a enfiar palitos em sua cavidade ocular (isso mesmo, por baixo do próprio olho) para "explorar" o que havia ali. Não satisfeito com o resultado (por que será?), ele decidiu tentar outra abordagem: ficou horas olhando diretamente para o Sol, para descobrir o que acontecia. Como resultado, ficou quase cego e precisou passar quatro dias dentro de um quarto escuro para recuperar a visão.

Mas sua mente poderosíssima não descansou nem nesse momento. Ele teve a ideia de abrir um buraco na parede do quarto escuro e colocar o prisma na frente desse buraco, para que a luz atingisse o objeto diretamente. O resultado foi a projeção das cores do arco-íris. Ele então percebeu que, talvez, a luz branca não fosse "pura". Como o prisma separava a luz em diferentes cores a partir de um único feixe de luz, talvez o branco tivesse todas as cores dentro dele. Esse estudo culminou até na confecção de um poderoso telescópio, que ele batizou de "refletor newtoniano".

Todas essas conquistas fizeram Newton ser convidado para professor lucasiano de Cambridge depois que Isaac Barrow desistiu do cargo para se concentrar em estudos religiosos. Isso só podia ser considerado prova da fama de Newton, já que, naquela época, apenas sacerdotes da Igreja anglicana poderiam assumir uma posição de tamanha honra em Cambridge.

Embora Newton curtisse o salário e o tempo livre para estudar que o cargo lhe proporcionava, ele odiava dar aulas, e seus alunos também não curtiam muito os longos monólogos do professor. Cada vez menos estudantes se inscreviam em seus cursos, mas, como fazia parte do trabalho, durante um bom tempo Isaac foi obrigado a falar para salas vazias.

Outra conquista que a fama obtida com o telescópio lhe deu foi a de ter sido eleito para a Royal Society, uma organização criada pelo rei da Inglaterra que promovia a busca pelo conhecimento (que, na época, poderia ser desde uma análise sobre o movimento dos planetas a reuniões seríssimas para discutir lobisomens). Na instituição, ele explicou sua teoria sobre as cores – e conseguiu um novo inimigo.

Robert Hooke (1635-1703) era curador de experiências da Royal Society e, tendo ele mesmo feito experimentos sobre luz e cores, refutou algumas das ideias de Newton na lata. Ele defendia que só existiam duas cores puras, vermelho e azul, e todas outras eram derivadas delas. E foi além: acusou o novo membro da instituição de ter roubado suas ideias. Certamente, Newton quis voltar às suas raízes e esfregar o nariz de Hooke em alguma parede de igreja, mas ele se controlou e apenas escreveu uma carta à Royal Society com duras críticas ao adversário. Como resultado, Hooke foi repreendido.

No fim das contas, Isaac se acalmou e escreveu uma outra carta para Hooke com sua célebre frase: "Se enxerguei mais longe, foi porque subi no ombro de gigantes". O detalhe é que Hooke era bem baixinho. Então, essa linda citação que muita gente usa em suas dissertações pode conter uma leve dose de ironia.

Enquanto isso, em sua casa, Isaac dedicava-se à alquimia, uma mistura de ciência com misticismo cujo objetivo principal era a produção da pedra filosofal, capaz de transformar todos os metais em ouro, e da *panaceia*, um remédio universal que curaria todos os males. Como você deve ter percebido na história do palito no olho, Newton curtia muito testar seus experimentos em si mesmo. Não precisa ser um gênio para compreender que ele chegou a tomar umas poções bem esquisitas. Inclusive, ele teria comentado com seu colega de quarto, John Wickins, que seus cabelos estavam até ficando prateados porque ele tomava muita... prata!

Dizem que, em maio de 1668, Newton incendiou sua casa por conta de uma de suas experiências alquímicas e, nas chamas, ele teria perdido seu estudo definitivo sobre cores. As coisas não melhoraram quando sua mãe ficou doente e morreu, em 1679. Com a morte de Hannah, Isaac precisou ficar na fazenda, dando um jeito nos negócios da família, e só voltou a Londres seis meses depois.

Ao retornar à capital, Newton descobriu que Hooke havia se tornado secretário da Royal Society. Como, na época, eles não estavam "de mal", Hooke convidou Isaac para participar de um estudo sobre como as coisas caíam de lugares altos. Newton afirmou que elas caíam em uma espiral circular, mas Hooke havia notado que elas caíam de maneira elíptica, e aproveitou esse erro de Newton para fazer pouco caso dele para os outros cientistas.

Enquanto isso, Isaac relacionou seu erro com a teoria da gravidade e percebeu que os planetas não se moviam em círculos, mas em elipses. Era o que faltava para que ele juntasse a teoria da gravidade com o movimento dos astros. Uma hora, essas ideias chegaram aos ouvidos de um tal Edmund Halley (1656-1742), o que calculou que o cometa Halley passaria próximo à Terra a cada 78 anos. Newton compartilhou com ele um estudo chamado *De Motu Corporum in Gyrum*, que pode ser traduzido como "O movimento dos corpos orbitantes".

Halley ficou tão impressionado com a obra que se ofereceu para pagar a impressão de todos os estudos de Newton, que, como dá para imaginar, rejeitou a oferta. Mas, dessa vez, não foi simplesmente porque ele não queria compartilhar seus conhecimentos. O cientista já estava trabalhando no que seria a primeira edição do *Principia*.

Durante um ano e meio, Isaac trabalhou no que viriam a ser não um, mas três livros. O primeiro, *De Motu*, foi publicado por Halley e apresentado à Royal Society em 1686. A obra causou a ira imediata de Hooke. Algumas das coisas que Newton conseguia provar em seus estudos foram teorizadas pelo seu rival em *Discurso sobre a natureza dos cometas*. Entretanto, Hooke usava algo chamado "éter" para justificar suas observações, uma substância hipotética que faria o papel de gravidade. Como esse éter não existia, ele perdeu a disputa.

Nos três livros, Newton conseguiu explicar as leis que regem o movimento dos corpos na Terra e o movimento dos planetas ao redor do Sol. "Só" isso.

O Brasil, especificamente a Paraíba, faz uma pontinha em uma edição de *Principia*, publicada em 1713. Newton estava convencido de que a Terra era achatada nos polos, por conta da atração gravitacional. Ele afirmava que um pêndulo que marcasse um segundo em Paris sofreria um atraso que poderia ser medido se fosse levado para um local próximo da linha do Equador. Afinal, a linha do Equador seria mais afastada do centro da Terra, o que faria a aceleração gravitacional ser menor. Para ilustrar, ele descreveu experimentos feitos com pêndulos pelo francês Pierre Couplet (1670-1743) na Paraíba, em 1698. Couplet havia passado em vários lugares próximos da linha do Equador para analisar como um pêndulo se comportava.

Depois de publicar os livros, Isaac foi convidado para ser membro do Parlamento representando a Universidade de Cambridge em 1689, mas permaneceu no cargo só por um ano. Sem inspiração para continuar suas pesquisas, ele adoeceu. Alguns de seus célebres conhecidos, como o filósofo John Locke (1632-1704), ficaram preocupados com a atitude isolada e triste de Newton e conseguiram para ele o cargo de inspetor da Casa da Moeda. Pode até parecer um cargo chato, mas o salário não era nada mal, sendo o equivalente a 1 milhão de dólares por ano, se convertermos para valores atuais.

Nessa época, Leibniz, o matemático alemão com o qual Newton teve aquela "treta" por conta da invenção do cálculo diferencial, criou um desafio matemático usando a teoria da gravidade e desafiou todos os cientistas do mundo a tentar resolvê-lo. Quando o desafio chegou às mãos de Isaac, ele fez pouco caso, dizendo que não perderia seu precioso tempo com um quebra-cabeça. Mas menos de um dia depois de receber o problema, ele já tinha a resposta, e a enviou para o alemão anonimamente.

Claro que Leibniz sabia de quem tinha vindo o resultado, mesmo sem assinatura.

Em 1703, após ter se tornado diretor da Casa da Moeda, Newton recebeu uma boa notícia, pelo menos para ele: Robert Hooke havia morrido. Isaac se apressou a bater na porta da Royal Society para aceitar o cargo de presidente da instituição. Newton tinha uma birra tão grande com Hooke que seu primeiro ato como presidente foi queimar o retrato de seu inimigo que estava pendurado na sede da sociedade. Fofo, não é mesmo?

Apesar de seu temperamento, os feitos de Newton eram muito incríveis para serem ignorados e, em 1705, a rainha Ana o sagrou cavaleiro da Corte.

Isaac viveu o resto dos seus anos trabalhando tanto na Casa da Moeda quanto na presidência da Royal Society. E, claro, causando problemas para outros cientistas. Também continuou resolvendo os problemas de Leibniz, que nunca se conformou com a genialidade do rival e vivia mandando desafios.

Ele morreu perto dos 80 anos por conta de complicações causadas por um cálculo renal e foi enterrado na Abadia de Westminster, tendo recebido um túmulo imponente. Seu local de descanso é um dos pontos mais visitados da igreja, inclusive, fez uma pontinha no livro *O Código Da Vinci*, de Dan Brown. Seu epitáfio foi escrito pelo poeta Alexander Pope e é de arrepiar: "A natureza e as leis da natureza estavam imersas em trevas; Deus disse 'Haja Newton' e tudo se iluminou".

♠ CAPÍTULO 10 ♠
O ciclope *workaholic*

Leonhard Euler (1707-1783) foi um matemático, astrônomo, físico e engenheiro que fez uma série de contribuições para a ciência, entre elas, avanços em cálculos, na notação matemática, em algoritmos e na chamada "teoria dos grafos". Euler é considerado um dos mais prolíficos autores de matemática, com um número impressionante de obras: cerca de 500 livros e estudos. Pudera, ele entrou na universidade aos 13 anos e, aos 16, já havia escrito uma tese comparando os trabalhos de Descartes e Newton. O que você faz ou fazia aos 16 anos mesmo? Nessa época, um dos seus professores era Johann Bernoulli (1667-1748), considerado o maior matemático da Europa. Talvez seja um dos motivos para Euler ter sido tão inspirado.

Euler trabalhava tanto que, com apenas 31 anos, perdeu a visão do olho direito. Dizem que isso aconteceu por ele ter forçado a visão com sua escrita avassaladora. O problema não o desestimulou, muito pelo contrário. Ele desenvolveu um trabalho impressionante sobre mapas para a Academia de São Petersburgo. Por morar na Alemanha e servir como tutor da princesa Frederica Doroteia Sofia de Brandemburgo-Schwedt, ficou conhecido na corte da Prússia como "Ciclope" (um ser mitológico gigante com apenas um olho na testa). Isso antes de perder a visão do olho esquerdo também, em 1766, já na casa dos 60 anos. Mas engana-se quem acha que a cegueira seria um empecilho para nosso amigo: ele, que se gabava de ter uma memória fotográfica, continuou produzindo estudos sem parar. Inclusive, estima-se que tenha ditado a seus assistentes um estudo por semana durante o ano de 1775.

Além da popularização da notação matemática, uma de suas contribuições mais populares foi a consolidação do símbolo π (pi) como indicativo da constante. E, falando em *pi*, Euler foi o primeiro matemático a se dedicar ao estudo do seu primo menos popular, mas certamente tão importante quanto: o *e* (alguns dizem ser até mais importante), também conhecido como número de Euler. A constante, de valor aproximado 2,71828, é usada em códigos, na engenharia e até no estudo das probabilidades. Antes de você pensar que o símbolo é a letra "e" porque Euler quis se auto-homenagear, acredita-se que o matemático tenha escolhido essa letra por ser uma abreviação da palavra "exponencial".

Apesar de todas as glórias do nosso querido Ciclope, talvez um de seus estudos mais curiosos seja o que culminou na solução (ou na falta de solução) do problema "pontes de Königsberg". Königsberg é uma cidade que ficava no território da Prússia e hoje está na atual cidade russa de Kaliningrado, banhada pelo rio Pregel. Para ligar as partes divididas pela água, havia sete pontes. Dizem que, nos dias de folga, os habitantes (bem desocupados) tentavam cumprir o desafio de caminhar por todas as sete pontes, sem repeti-las, e terminar o passeio na ilha central. Mas as tentativas eram sempre frustradas.

Então apareceu o Ciclope nerd para acabar com o mistério. Ele criou o que é considerado o primeiro grafo da história. Para simplificar o mapa, Euler transformou os caminhos pelas pontes em linhas e suas intersecções em pontos. Observou que, a não ser no final ou no início da caminhada, sempre que alguém entrava em uma intersecção por uma ponte, essa pessoa precisava sair do lugar também. Isso parece lógico, mas estabelece que, exceto nos pontos iniciais e finais do passeio, para conseguir fazer a volta era necessário haver somente duas (ou nenhuma) partes da cidade com números ímpares de acesso. Infelizmente, para Königsberg, todas as massas de terra em questão têm um número ímpar de pontes. Isso quer dizer que dar um rolê pela cidade com as regras do desafio é impossível.

Se um dia você passar por Königsberg e observar as pontes, saiba que apenas duas delas são da época de Euler – duas foram substituídas por vias expressas, duas foram derrubadas com os bombardeios da

Segunda Guerra Mundial e uma foi demolida para ser reformada. Mas o que definitivamente sobrou do enigma foi a aplicação da teoria dos grafos, que, na probabilidade matemática, é usada para encontrar trajetos mais práticos, como percursos de ônibus.

♠ CAPÍTULO 11 ♠
O demônio e suas chances de ganhar na loteria

Enquanto alguns dos gênios já apresentados neste livro tinham uma fixação pelo divino, atribuindo toda a beleza da matemática a Deus, existiam aqueles com uma tendência para o profano. Não se trata de fazer parte de cultos misteriosos (embora alguns realmente fizessem – oi, Pitágoras!), mas de pensar em coisas como o número do anticristo, gênios malignos e, no caso de Laplace, um demônio matemático.

Para ser justo com Pierre-Simon Laplace (1749-1827), ele não concebeu seu ser sobrenatural exatamente como um demônio. Mas, na onda de Descartes, pensou em uma entidade toda-poderosa que, posteriormente, viria a ser caracterizada como um. Para entender do que, exatamente, estamos falando, pense no seguinte: o Universo é o resultado do seu passado e, desse modo, o seu presente provocará o futuro. Se um ser (e aqui entra o demônio que a literatura conferiu a Laplace) tem conhecimento de todas, absolutamente todas, as forças que movem a natureza, e se tivesse intelecto o suficiente para processar todos os dados em uma única fórmula, esse ser seria capaz de prever o futuro.

Conhecendo os matemáticos como você já os conhece, você deve imaginar que essa ideia soou realmente encantadora, especialmente com o advento dos computadores. Seria possível existir esse intelecto tão grande capaz de guardar e processar todos esses dados? Hoje é praticamente um consenso de que algo tão grandioso só poderia ser uma entidade maior do que o próprio Universo, ou algo completamente sobrenatural – como um demônio.

É claro que Pierre Laplace não tirou a ideia dessa entidade do nada. Ele é conhecido, principalmente, por ser o fundador da teoria da probabilidade, fazendo evoluir aquelas ideias que vimos nos capítulos sobre Pascal e Fermat. Então, é natural que ele fosse fascinado pela ideia de variáveis e de alguém poderoso o suficiente para calcular todas as probabilidades de todos os eventos.

Inicialmente, calcular probabilidades não soa exatamente como algo revolucionário. Ao rodar um dado de seis faces não viciado, qual é a chance de se tirar um 6? E qual é a chance de se tirar o 6 num segundo lance? Um evento que pode ser completamente aleatório começa a se tornar previsível depois de uma série de repetições. Laplace, por exemplo, pedia que as pessoas visualizassem esse processo imaginando uma série de caixas, cada uma preenchida com bolinhas de determinada cor. A primeira com bolinhas azuis, a segunda com bolinhas vermelhas, a terceira com bolinhas amarelas, e assim por diante. Colocam-se todas essas caixas em um círculo e escolhe-se uma delas para ser a primeira. Retira-se uma bolinha dessa caixa e a coloca na caixa da direita. Depois, repete-se a ação com uma bolinha aleatória da segunda caixa, que vai parar na terceira. Ao se repetir isso vezes o suficiente, é possível que, no final, todas as caixas tenham bolinhas de cores diferentes, com uma variedade de cores bem similar.

Se a matemática é o estudo de padrões, e se algum evento acaba exibindo um padrão, Laplace julgava ser possível calculá-lo por meio de uma fórmula. E, não, ele não apelou para uma reza para o demônio detentor de todo o conhecimento, mas determinou que probabilidade é a relação da ocorrência de eventos favoráveis (como tirar uma bolinha vermelha de uma das caixas) com a de eventos possíveis (tirar qualquer uma das bolinhas da caixa, incluindo uma vermelha).

Esse princípio só se sustenta quando se sabe que a chance de se tirar uma bolinha vermelha é igual à de tirar uma bolinha de qualquer outra cor da caixa. Ou seja, quando existe o mesmo número de bolinhas das mesmas cores ali. Quando existem mais bolinhas azuis, por exemplo, isso precisa ser calculado e levado em consideração. Então, a probabilidade será a soma de todos os eventos possíveis.

As aplicações destes e de outros princípios da probabilidade apresentados por Laplace vão muito além de escolher bolinhas em caixas. Eles podem ser usados em jogos de azar (como dizer que a chance de você ganhar na Mega-Sena com a aposta básica, de 6 números, é 1 em 50.063.860), mas também podem ser aplicados em cálculos de praticamente todo tipo de evento. Laplace acreditava que a maior parte dos problemas que uma pessoa enfrenta na vida seria, basicamente, uma coleção de situações em que a probabilidade poderia ser aplicada. Pense nisso todas as vezes em que você acabar com o pior bombom da caixa. Você pode xingar tanto Laplace quanto seu demônio, que sabia que você acabaria com aquele chocolate recheado com banana e não fez nada para impedir.

Alguém que certamente não gostava de Laplace era Napoleão. Após o Golpe do 18 de Brumário, em que tomou o poder na França, Napoleão nomeou o cientista como seu Ministro do Interior. Afinal, o cara era superinteligente, certo? O que poderia dar errado? Bem, basta dizer que Laplace não durou nem dois meses no cargo. Em suas memórias, Napoleão chegou a comentar sua escolha, chamando-o de "geômetra de primeira linha", mas ressaltando que Laplace buscava mais problemas do que soluções e trazia o espírito das "infinitesimais" (quantidade pequeníssima, próxima ao zero) para o trabalho, indicando que o cara gostava de buscar pelo em ovo. O que Napoleão esperava ao contratar um matemático?

Quando Laplace morreu, em 1827, seu cérebro foi removido (não é o primeiro caso de remoção de cérebro e nem o último que aparecerá neste livro, acredite) e estudado. E, pasme, disseram que sua massa cinzenta era menor do que a média. Será que conseguimos calcular a probabilidade de um gênio não ser tão cabeçudo, literalmente, quanto os outros?

♠ CAPÍTULO 12 ♠
O príncipe da matemática

Quanto tempo você demoraria para dar a soma de todos os números (inteiros, sem pegadinhas de discípulos de Zenão) de 1 a 100? Dizem que Carl Friedrich Gauss (1777-1855) mal piscou antes de responder 5.050 (o resultado correto, pode conferir), quando seu professor apresentou esse problema. Detalhe: Gauss tinha apenas 7 anos e havia usado conceitos de progressão aritmética (uma sequência em que o número seguinte é sempre a soma do número anterior com uma razão – neste caso, a razão é 1).

Talvez você não conseguisse resolver essa conta do alto de seus 7 anos (nem amarrar o sapato, mas isso fica entre nós), porém a lógica não é lá muito complicada. Gauss percebeu que, se somássemos o primeiro termo da progressão (1) com o último (100), teríamos 101. A mesma relação se mantém com o segundo termo e o penúltimo (2 + 99 = 101). Gauss estabeleceu que, entre 1 e 100, há 50 pares cuja soma é 101. Então, ele multiplicou 101 por 50 e obteve o resultado: 5.050. Simples, certo?

Não para um garoto de 7 anos, certamente. A lógica avançada do menino fez com que os professores da escola começassem a estimular o interesse dele pelos números. De quebra, esse método para resolver a conta recebeu o apelido "soma de Gauss", enquanto nosso amigo Carlinhos passou a ser chamado de "o príncipe da matemática".

Mas não se engane pelo "príncipe", que não se refere à origem de Carl, filho de um humilde jardineiro com uma moça analfabeta. A mãe de Carl, inclusive, não conseguiu registrar a data de nascimento do filho e dizia se lembrar apenas que havia sido em uma quarta-feira, oito dias antes da festa da Ascensão de Jesus, que acontece 39 dias depois da Páscoa. Mais velho, nosso amigo encarou o problema de sua data de nascimento como um mistério a ser resolvido por meio da matemática, e achou a solução a partir da data da Páscoa (30 de abril de 1777).

Em 1796, o "príncipe" provavelmente estava entediado por não ter com quem conversar (por culpa dele, claro) e simplesmente mergulhou na matemática. De início, ele resolveu construir um polígono (uma figura geométrica fechada) regular (com lados e ângulos iguais) de 17 lados usando apenas uma régua e um compasso. Pode parecer uma chatice e, francamente, o heptadecágono, o nome desse monstrengo, parece uma bola mal desenhada. Mas desde a época de Euclides matemáticos haviam tentado fazer o mesmo, sem sucesso. Gauss estabeleceu que podem ser construídos polígonos regulares com um número primo de lados. Inclusive, em 1832, foi construído um polígono de 257 lados, que parece ainda mais com uma bola.

Diante de sua própria genialidade, Carl suspirou e afirmou estar surpreso com a falta de avanço desde Euclides. Como se não bastasse a petulância do sujeito, no mesmo ano de 1796, ele produziu uma enorme quantidade de estudos interessantíssimos. Em março, ele apresentou seu heptadecágono. Em abril, desenvolveu uma ideia que havia sido introduzida por nosso ciclope preferido, Euler: a matemática modular, ou matemática de relógio. Como em um relógio, a ideia é que, após atingir um número máximo, o resultado da progressão volte para os primeiros números da sequência. Por exemplo, se somarmos 8 horas quando o ponteiro está apontando para as 8 da manhã, teremos 4 horas, que, em uma progressão normal, seria um valor menor do que o 8 inicial. As aplicações, claro, vão além da medição do tempo e passam pela criptografia e por sistemas computacionais.

Em maio desse ano de ouro, Gauss apresentou seu teorema dos números primos, uma tentativa de prever a distribuição de números primos em um intervalo. Em julho, ele provou que todo número inteiro positivo é representado pela soma de, no máximo, três números triangulares (números que podem ser descritos como pontos formando um triângulo equilátero). Em outubro, ele divulgou soluções para polinômios com coeficientes em campos finitos. Está bom ou você já está com a cabeça girando?

Não pense que depois de tudo isso ele resolveu tirar um ano sabático e viajar pelo mundo. No ano seguinte, Gauss dedicou-se ao teorema fundamental da álgebra. Apesar de fundamental, sua descrição pode confundir muita gente: ele determina que um polinômio com coeficientes complexos e com um grau maior ou igual a 1 tem alguma razão complexa. Respire fundo, o que importa aqui é que nosso amigo ficou frustrado ao ter provado o teorema logo na primeira tentativa, e julgou que sua resposta não estava completa. Gauss revisitou seus estudos sobre o tema diversas vezes durante a vida. Inclusive, o último estudo que ele produziu antes de morrer foi sobre o teorema fundamental da álgebra.

No ano de 1800, um astrônomo italiano chamado Giuseppe Piazzi (1746-1826) descobriu a presença de um asteroide visível em nosso céu e batizou-o como Ceres. Mas, sendo um asteroide, Ceres não se comportava de maneira previsível e desapareceu ao passar por trás do Sol. Gauss, aos 18 anos, desenvolveu o método dos mínimos quadrados, uma forma para estimar pontos de intersecção entre retas que passam pelos mesmos planos, mas que não se tocam. Traduzindo: esse método produz curvas que indicam tendências com base em um conjunto de dados. Por meio dessa técnica, Gauss conseguiu prever a localização futura do asteroide perdido, em 1801. Vinte anos depois, astrônomos encontraram o asteroide se movendo exatamente na região em que Gauss havia dito que ele apareceria.

Mas não pense que, enquanto todas essas descobertas estavam sendo feitas, Gauss estava levando a fama. Ele era levemente paranoico e, assim como alguns outros sujeitos dos quais já falamos neste livro (oi, Newton, estamos falando de você de novo), achou melhor esconder boa parte de sua pesquisa do que compartilhá-la com o resto do mundo. Seu lema era "*pauca sed matura*" ("pouco, porém maduro"), o que dá uma noção do nível de perfeccionismo do cientista. Para que ele publicasse algo, o matemático precisava considerá-lo perfeito, e não era muita coisa que sobrevivia à sua dura autoavaliação. Como se não bastasse, o cara era tão desconfiado que passou a escrever suas notas sobre matemáticas em código. Matemáticos são bons em criptografia e não é por acaso... Isso fez com que, em 1805, um francês chamado Adrien-Marie Legendre (1752-1833) escrevesse um tratado sobre os mínimos quadrados antes que o próprio Gauss se dignasse a publicar suas conclusões, que vieram a público somente em 1809.

Em seus diários codificados, Gauss diz que a tempestade de ideias que corria pela sua mente no início de sua vida adulta era tão intensa que ele mal tinha tempo para anotá-las, o que nos faz imaginar que tipo de outras coisas ele pensava, mas que acabou se perdendo em suas reflexões. Dizem que, se ele tivesse sido menos reservado em relação a seus estudos, a matemática estaria um século mais avançada.

Mesmo quando ficou mais velho, nosso amigo não parou de exercitar sua mente. Aos 62 anos, ele aprendeu a falar e a escrever em russo por conta, e se divertia correspondendo-se com colegas cientistas da Rússia. É mole?

Um dos últimos desejos de Gauss antes de partir desta para a melhor era que um heptadecágono fosse esculpido e colocado sobre seu túmulo. Mas o escultor negou, dizendo que o negócio iria se parecer mais com uma bola mal esculpida do que com uma inovação genial do dono da tumba. Ou seja, quando Gauss morreu, em 1855, nada de heptadecágono. E, além de tudo, seu cérebro foi removido para ser analisado, algo que, certamente, não seria apreciado por alguém que prezava tanto por sua privacidade. O anatomista alemão Rudolf Wagner concluiu que, sim, a massa cinzenta de Gauss era maior do que a média. Na época, esse tamanho avantajado foi encarado como um motivo perfeitamente plausível para a genialidade do "príncipe da matemática".

♠ CAPÍTULO 13 ♠
Que tiro foi esse?

Novamente nos deparamos com mais um gênio da matemática que teve uma morte bizarra e mal explicada. No entanto, talvez não haja nenhuma partida desta para a melhor descrita neste livro que tenha sido tão prematura quanto a de Évariste Galois, que morreu pouco antes de completar 21 anos, tendo escrito apenas 100 páginas de tratados matemáticos – o suficiente para impactar, e muito, a ciência.

Galois nasceu na cidade francesa de Bourg-la-Reine, em 1811, e desde criança apresentava dois interesses muito claros (e pouco saudáveis): política e matemática. A parte da política é justificada porque o pai, Nicolas, tinha sido prefeito da cidade onde a família morava, na época do domínio de Napoleão Bonaparte, mantendo posição mesmo quando a monarquia retornou à França, com o reinado de Luís XVIII. Enquanto isso, nosso amigo "Eva" mergulhava nos estudos e acabou indo para o liceu Louis, o Grande, em Paris. Na capital, ele testemunhou o clima de agitação política entre monarquistas e republicanos que repercutia até mesmo entre alunos da sua escola.

Só que Galois começou a ficar frustrado com os estudos. Apesar de ser um instituto prestigiado, o liceu não tinha aulas de Matemática Avançada e, frequentemente, os professores não conseguiam compreender os cálculos feitos por nosso amigo, que estudava de maneira independente, lendo todos os livros de matemática que apareciam pela frente. Essa frustração só aumentou quando ele decidiu cursar a Escola Politécnica de Paris, definitivamente a escola mais importante do país, que exigia que os candidatos passassem por um exame admissional, com uma prova oral. Dizem que Galois pensava mais rápido do que conseguia falar, e, muitas vezes, o que ele dizia não fazia sentido algum para quem estava ouvindo. Isso o fez ser reprovado no primeiro ano em que tentou uma vaguinha por lá (os avaliadores não conseguiram compreender a lógica do jovem no exame oral). Sendo um cara persistente, Galois se preparou e tentou o exame novamente no ano seguinte. Foi reprovado mais uma vez. Dizem que o jovem matemático, completamente irado, jogou um apagador de quadro-negro na direção dos avaliadores. Depois desse papelão, ele nunca mais tentou entrar na Politécnica.

Mas esses episódios não o fizeram desistir de sua paixão pela matemática. Muito pelo contrário. O nervosinho enfiou o nariz nos livros, começou a investigar as soluções para equações de quarto e quinto graus e, aos 17 anos, já tinha alguns estudos publicados. Mas enquanto "Eva" estava arrasando como intelectual em Paris, as coisas em sua cidade natal não estavam tão boas. Seu pai, que ainda era prefeito, desentendeu-se com um poderoso sacerdote da região por suas crenças republicanas.

Nicolas era conhecido por escrever alguns versos divertidos, com umas piadinhas sobre a cidade, mas nunca havia ofendido alguém seriamente. Sabendo disso, o padre, como um bom vilão de novela, resolveu escrever versos horríveis e ofensivos sobre alguns poderosos da região e assiná-los como se fosse o prefeito. Fofo, não é mesmo? Nicolas, ridicularizado e com o poder em risco, acabou se suicidando.

Revoltado, Galois continuou seus estudos em Paris, escrevendo fervorosamente para inscrever suas ideias sobre equações no Grande Prêmio de Matemática da Academia Francesa. No primeiro ano em que tentou participar, Galois sentiu que algo não cheirava bem. Seu trabalho, que muitos matemáticos consideravam o favorito para o prêmio, havia sido entregue antes do prazo final. Mesmo assim, não fora oficialmente inscrito. O rapaz estranhou, mas, como o secretário responsável pela organização do concurso havia morrido algumas semanas antes, ele acreditou que poderia ser apenas um mal-entendido.

No entanto, quando seu manuscrito foi rejeitado no ano seguinte mais uma vez, Galois teve certeza de que estava sendo perseguido por suas crenças políticas.

Revoltado, ele largou a matemática e resolveu se juntar a uma milícia chamada Artilharia da Guarda Nacional. No entanto, menos de um mês depois da adesão de Galois, o rei Luís Felipe extinguiu a força militar e o jovem acabou desamparado, sem dinheiro nem moradia. Alguns dias depois, em Paris, dizem que ele proferiu ameaças ao rei em um restaurante e foi preso por desacato. "Eva" passou um mês na prisão até que um júri o absolvesse por conta de sua idade (20 anos). Mas parece que nosso amigo não aprendeu a lição. Pouco tempo depois, ele foi preso de novo, pelo mesmo motivo, e, dessa vez, condenado a seis meses de confinamento.

Durante seu tempo no xilindró, um franco-atirador disparou contra a prisão onde Galois estava e acabou acertando seu "colega de cela". O jovem rebelde, que já havia sofrido bastante com monarquistas, tinha certeza de que a bala era destinada a ele. Dizem que, desolado, ele conseguiu contrabandear uma faca para dentro da prisão e tentou acabar com a própria vida, mas foi impedido por outros detentos.

Em 1832, Galois saiu da prisão e se envolveu com uma moça comprometida chamada Stéphanie-Félicie Poterin du Motel. O noivo de Stéphanie, Pescheux d'Herbinville (que nome maravilhoso, não é mesmo?), descobriu o *affair* e chamou nosso matemático frustrado para um duelo de pistolas. E por duelo, entenda dois homens se encarando ao alvorecer, como naquelas cenas de filmes que se passam na era vitoriana. Cada um escolhe uma pistola e o primeiro que acertar o outro sai como vencedor. Era assim, e não por indiretas nas redes sociais, que o pessoal resolvia as tretas no passado.

Galois estava sacando que a sorte não estava a seu favor e desovou todo o seu conhecimento sobre matemática, adormecido nos últimos meses, na noite anterior ao duelo, em uma carta para seus amigos. Ele tinha medo que, com sua morte, toda sua pesquisa sobre equações de quarto e quinto grau e todas as suas ideias sobre o que ele chamou de "teoria dos grupos" (fundamental para a álgebra abstrata e para o conceito de simetria) se perdessem. Afinal, Galois não sabia o que a academia havia feito com todos os manuscritos que ele tinha enviado para o concurso.

Entre suas notas febris, Galois chamou Stéphanie de namoradeira e lamentou que sua vida terminasse com uma "calúnia". Por isso, até hoje não se sabe se Stéphanie teria sido a real motivação por trás do duelo que tirou a vida do matemático. Amigos de "Eva" afirmavam que tudo não passava de uma grande trama política disfarçada de romance ilícito e que Pescheux era, na verdade, um agente da Coroa contratado para matar o rapaz.

De qualquer modo, não deu outra. Pescheux acertou nosso amigo em cheio no estômago e o deixou agonizando em uma morte lenta e dolorosa. O enterro virou um campo de batalha político, com brigas entre republicanos e agentes da Coroa que haviam sido enviados para aquietar qualquer manifestação política. Após mais de uma década da morte de Galois, uma cópia de sua derradeira carta chegou às mãos de um matemático chamado Joseph Liouville (1809-1882), que interpretou aqueles rabiscos e compreendeu a genialidade contida neles.

Parte 5

CONFUSÃO INFINITA NA ERA CONTEMPORÂNEA

Com seu avanço, a matemática alcançou
esferas cada vez mais abstratas

♠ CAPÍTULO 1 ♠
A condessa da computação

Quando falamos em condessas, a imagem que vem à mente é de uma senhora elegante, com um chapéu cheio de penas, tomando xerez em uma delicada taça de cristal enquanto faz vários nadas em sua sala de estar. Talvez Ada Lovelace (1815-1852) tivesse seus momentos merecidos de ócio e, certamente, fosse uma mulher elegante. Mas a condessa teve uma vida improvável para sua época: ela é considerada a primeira programadora da história. Sim, programadores, aqueles sujeitos que mexem com *softwares* e computadores.

Como isso seria possível no século XIX?

Ada Augusta King era filha do famoso Lord Byron, um dos maiores poetas da história da língua inglesa. Se você conhece um pouco sobre a vida de Byron, sabe que ele não era exatamente um homem de família. Apesar de ter sido casado com Annabella Milbanke, o casal se separou apenas dois meses após o nascimento de Ada. Os relatos da época dão conta de que o poeta não tratava bem a esposa e ela partiu.

Byron seguiu sua vida de mulheres e aventuras. Morou na Itália e na Grécia, juntando-se ao Exército para lutar na guerra pela independência grega. Durante os conflitos, sua saúde se agravou, e o poeta desenvolveu graves problemas respiratórios. O tratamento recomendado, naquela época, eram as sangrias, o que pode ter sido o motivo do fim de Byron. Acredita-se que os cortes podem ter sido feitos com instrumentos mal higienizados, e ele desenvolveu uma infecção que culminou em sua morte prematura, aos 36 anos.

Enquanto isso, a pequena Ada crescia (quando Byron morreu, ela tinha 8 anos), e sua mãe ficava cada vez mais preocupada em impedir que a menina desenvolvesse a mesma "loucura" do pai. Ela proibiu qualquer contato entre eles em vida, e Ada só viu um retrato de seu genitor no seu aniversário de 20 anos. Ao mesmo tempo, Annabella também não queria saber muito da filha. A menina foi criada, na maior parte da infância, pela avó materna. Uma preocupação constante de Ada era que sua guarda fosse para Byron ou, após sua morte, para o lado paterno da família (incluindo a meia-irmã com quem o poeta mantinha uma relação incestuosa). Portanto, apesar de a filha não morar com Annabella, ela escrevia longas cartas para a mãe, demonstrando preocupação. A ideia era que as missivas pudessem servir como documento, se o caso da guarda da garota fosse levado a julgamento. Por sua vez, Annabella chegou a se referir à filha pelo pronome "it", que, em inglês, é usado para objetos ou animais, e não para outras pessoas.

Apesar de seu fraco talento maternal, Annabella era uma mulher extremamente inteligente, que gostava das artes da matemática. Desse modo, ela pensou que a filha poderia compartilhar da sua propensão para as contas e esquecer o pai ausente. Quando Ada contraiu sarampo, doença que a deixou de cama por aproximadamente um ano, a mãe enxergou a oportunidade perfeita para a menina começar a aprender a ciência. Ada adorou!

Aos 12 anos, Ada criou um projeto para construir asas, já que ela queria voar como uma fada. Ela desenhou um equipamento e estudou diferentes tipos de material (papel, seda, madeira). Não contente com isso, ainda escreveu um livro com suas descobertas sobre a anatomia dos pássaros. Mas não pense que isso fazia dela uma jovem quietinha, com o nariz enfiado nos livros. Aos 18 anos, Ada tentou fugir com um de seus professores particulares, mas foi pega e o caso foi abafado para evitar um grande escândalo na sociedade inglesa.

Os estudos durante a adolescência fizeram Ada entrar em contato com grandes nomes da ciência e da literatura, como Michael Faraday, Charles Dickens e Mary Somerville. Esta foi sua tutora e a primeira mulher a se tornar membro da Sociedade Astronômica Real, no mesmo período em que a astrônoma Caroline Herschel também virou membro da instituição. Mas um desses cientistas lhe chamou a atenção em especial, Charles Babbage (1791-1871), considerado o inventor dos computadores digitais.

Naquela época, Babbage não tinha dimensão das possibilidades do que ele havia criado, a chamada "máquina diferencial", um protótipo não completo. Caso fosse terminada, ela seria capaz de resolver polinômios e construir tabelas de logaritmos, recebendo dados e exibindo-os depois do cálculo. Empolgada com a ideia, Ada começou a tentar entender a verdadeira capacidade daquela máquina e até escreveu um método para calcular um processo de Bernoulli com variáveis de 0 ou 1. Parece familiar? Sim, é um algoritmo para a programação de computadores. Ada se tornou a primeira programadora de computadores antes mesmo de eles existirem. Em seus estudos, ela ressalta a diferença entre a máquina de Babbage e uma calculadora normal, afirmando que suas aplicações poderiam ser maiores do que simples cálculos. Ada teria sido inspirada por máquinas de tecelagem, capazes de repetir padrões de estampas ao serem "carregadas" com cartões furados – basicamente, em código binário. Aqueles códigos, segundo ela, não precisavam representar um número, poderiam representar figuras ou notas musicais, por exemplo.

Mas nem todos viram o potencial daquela máquina imediatamente, tanto que ela só foi completamente desenvolvida em 2002 (muito tempo depois da morte de seu criador). Ada e Babbage também se desentenderam sobre críticas ao governo, que ele queria escrever anonimamente como prefácio do livro da nossa amiga. Ela não permitiu, afirmando que se ele não assinasse o texto, pareceria que as críticas haviam sido feitas por ela. Babbage ficou chateadíssimo e os dois romperam relações.

Ada era extremamente popular em sua época de escola por ser muito inteligente, ao contrário do que costumam mostrar filmes norte-americanos de *high school*. Nos bailes da Corte, nunca ficava no canto e sempre tinha um par para dançar.

Ada se casou com um solteiro cobiçado, um nobre chamado William King-Noel (1805-1893), que se tornou o conde de Lovelace. Foi nesse momento que ela virou a condessa Ada Lovelace. Ela teve três filhos: Byron (Freud explica), Anne e Ralph. Mas não se engane ao achar que isso é um conto de fadas e que ela foi feliz para sempre em uma de suas três mansões.

O escândalo tinha uma afeição especial por nossa amiga e tendia a encontrá-la. Há relatos de que o professor de seus filhos teria se apaixonado por ela, mas Ada não levou o caso adiante. O que não significa que ela não teria tido *affairs*; um deles, inclusive, teria se tornado seu herdeiro. Não há provas desse envolvimento, pois, por contrato, ele destruiu toda a correspondência que manteve com Lovelace após a morte da condessa. Outra das diversões de Ada teria sido apostar em corridas de cavalos, prática que teria feito ela perder cerca de 3 mil libras (uma verdadeira fortuna na época).

Falando em escândalo, depois de adulta, Ada conheceu sua meia-irmã por parte de pai, Medora Leigh, filha de Byron com aquela meia-irmã do poeta, lembra? Ela ficou chateada com o incesto, mas culpou a "meia-tia", e não seu pai, pela existência de Medora. Parece que todo o esforço de Anabella em manter Ada afastada da imagem do pai não funcionou. Ada idolatrou a figura de Byron até sua morte, também prematura, aos 36 anos – a mesma idade com que o poeta morreu. Nos seus últimos dias, muito doente e de cama (a causa provável da morte foi um câncer de útero, que também teria sido agravado por sangrias exageradas), Ada pediu para ser enterrada ao lado do pai – e assim foi feito. Você pode visitar o túmulo de pai e filha na Igreja de Santa Maria Madalena, na cidade de Hucknall, na Inglaterra.

♠ CAPÍTULO 2 ♠
A gênia da lâmpada e a estatística

Em 1820, nasceu uma menininha curiosa chamada Florence Nightingale, batizada com o nome de sua cidade natal, Florença. (Se você acha isso estranho, saiba que ela deu sorte. A irmã de Florence nasceu em Pathernope, uma comunidade grega perto de Nápoles, que se tornou seu segundo nome.) Apesar de ter nascido em terras italianas, a garotinha vinha de uma abastada família inglesa. Quando era pequena, ela afirmou que havia sonhado com Deus e que o Todo-Poderoso tinha dito a ela que sua missão na vida era ser enfermeira. Sua família não gostou da notícia. Seu pai, um homem muito culto, lhe ensinara diversas línguas, assim como filosofia e história. Como assim ela "desperdiçaria" sua inteligência com enfermagem? Naquela época, a profissão não era considerada nobre, sendo exercida por muitas cozinheiras e até por prostitutas em tempos de guerra.

Assim como acontece com muitos jovens, o descontentamento de sua família fez com que Florence sentisse ainda mais vontade de seguir a vocação, e ela passou a estudar saúde pública. Não contente, também rejeitou os pretendentes que ficavam encantados por seu charme, afirmando que um casamento só a desviaria do propósito de realizar um profundo trabalho social, para o desespero de sua mãe.

Quando a Guerra da Crimeia estourou, Florence foi encarregada de cuidar do Hospital Scutari, na Turquia, junto com 38 enfermeiras voluntárias que ela havia treinado. Lá, ela ficou chocada com as condições de vida dos soldados, que morriam mais por causa de doenças como febre tifoide e cólera do que de sofrimentos em batalha. Ela fez vários apelos para que o governo oferecesse melhores condições de vida e uma estrutura melhor para cuidados médicos, e alguns desses pedidos chegaram a ser atendidos. Foi nessa época que ela ganhou o apelido "a senhora da lâmpada", por correr de um quarto do hospital para outro durante a noite, munida de uma lamparina, para tomar conta de seus pacientes mesmo em horas avançadas. E foi também nesse período que sua contribuição para a matemática começou.

Veja bem, Florence não apenas tratava os pacientes, como se interessava muito por dados sobre a saúde e o que poderia estar causando os males que ela testemunhava. Então, começou a registrar essas informações em cadernos. No entanto, ela não anotava somente números, mas também representações gráficas, como gráficos em pizza. Hoje, com *softwares* que transformam facilmente qualquer conjunto de dados em gráficos, isso pode não parecer muita coisa, mas, na época de nossa amiga, certamente era algo revolucionário. Ela é considerada pioneira nesse tipo de apresentação, sendo creditada pela invenção de algumas formas de visualização de dados, como o histograma (antigamente chamado de diagrama da rosa de Nightingale) e o diagrama de área polar e sua combinação (o *coxcomb*).

Apesar de Florence ter trazido inovações para a área dos gráficos, não é a primeira vez que a estatística aparece na história da matemática. Civilizações como os babilônios, os egípcios e até os romanos faziam censos de suas populações. O censo aparece até mesmo na Bíblia: Jesus, apesar de ter sido criado em Nazaré, nasceu na cidade natal de José, Belém, porque as regras de um censo da época obrigavam que cada família fosse ao local de origem paterno para a contagem. Com essas informações, os governantes podiam calcular a quantidade de impostos que deveriam receber e se teriam mão de obra para construir algum templo, por exemplo. Os dados, no entanto, nem sempre eram precisos.

O primeiro censo nos tempos modernos mais parecido com o modelo atual foi feito no Quebec, no Canadá, em 1666. No Brasil, a contagem populacional foi feita pela primeira vez em 1872, na época de Dom Pedro II, e contabilizou 9.930.478 de habitantes (5.123.869 homens e 4.806.609 mulheres), com 80% de analfabetos. A título de curiosidade, desde 1940, o Censo brasileiro ocorre de dez em dez anos. Com a exceção de 1990, quando o governo Collor adiou em um ano o recenseamento.

No século XVII, economistas começaram a unir registros estatísticos com cálculos. William Petty (1623-1687), por exemplo, estimou de maneira duvidosa a riqueza média de um irlandês e multiplicou pela população. Durante o início do século XIX, na época de Florence, as estatísticas (baseadas ou não em dados apurados) eram populares, ainda que insipientes.

Um belga chamado Adolphe Quételet (1796-1874), por exemplo, coletou dados de diversas áreas da ciência buscando padrões emergentes. Uma de suas descobertas mais impressionantes foi que a atividade criminal tem previsibilidade, o que sugere que o crime não depende de uma predisposição do indivíduo para "o mal", e sim das condições da sociedade. Para ele, o estudo das áreas em que a criminalidade era mais intensa poderia indicar que a melhor solução para diminuir o número de, digamos, assaltos e assassinatos seria realizar ações sociais naquelas regiões. Profundo, não?

Em 1805, um francês chamado Adrien-Marie Legendre propôs o "método dos quadrados mínimos", uma técnica capaz de encontrar um melhor ajuste para um conjunto de dados (respire fundo, porque aí vem matematiquês) ao minimizar a soma dos quadrados das diferenças entre valores estimados e dados coletados com observação. Por exemplo, se imaginarmos um gráfico com duas linhas que se cruzam (o famoso plano cartesiano) e uma série de pontos espalhados na área entre elas, o método dos quadrados mínimos é capaz de traçar uma linha entre esses pontos, indicando uma média. Com isso, é possível estimar dados sobre uma população grande usando apenas entrevistas com algumas centenas de pessoas como amostra (mais ou menos como ocorre durante as pesquisas eleitorais).

Mas isso, é claro, depende da qualidade da amostra. Por exemplo, se estamos em época de eleições e queremos saber qual é a intenção de voto para o candidato X ou Y, que estão disputando a presidência, devemos analisar uma amostra diversa. Digamos que a pesquisa seja feita apenas no estado hipotético de Piraporinha do Leste, terra natal do candidato X, onde ele é mais conhecido que o candidato Y. Seria justo usar os dados obtidos em Piraporinha do Leste para determinar a intenção de voto de toda a população do país? O correto seria indicar que aqueles são os dados de intenção de voto naquela região. E, para uma previsão correta de intenção de voto no país todo, a pesquisa deveria incluir membros de outros estados, com diferentes marcadores sociais, levando-se em conta como estes estão distribuídos na população inteira. Se há mais mulheres votantes do que homens, por exemplo, mais mulheres devem ser entrevistadas; se a população com mais de 40 anos é maior, essa diferença deve ser refletida na amostragem.

A primeira vez que técnicas como essa foram usadas com sucesso para prever um resultado eleitoral foi nas eleições dos EUA, em 1936. Uma pesquisa que não estava preocupada com esses marcadores sociais entrevistou o surreal número de 10 milhões de pessoas escolhidas de maneira completamente aleatória, e apontou que Alf Landon, o candidato republicano, venceria. No entanto, quem acertou o resultado foi George Gallup, que usou uma amostra de apenas 3 mil pessoas para prever a eleição do democrata Franklin Roosevelt. O segredo? Uma amostragem estratificada, dividida de acordo com certos marcadores predeterminados. Então, quando as pesquisas eleitorais são feitas hoje, os responsáveis apontam certos perfis que precisam ser considerados.

Esse lado social da estatística certamente agradaria Florence, que dedicou sua vida a ajudar os necessitados, produzindo dados e pesquisas que a tornaram um verdadeiro símbolo da enfermagem moderna.

♠ CAPÍTULO 3 ♠
Rosquinhas deliciosamente confusas

Jules Henri Poincaré (1854-1912) foi um matemático francês como muitos por aí: destacou-se por seu intelecto desde cedo, sua nota mais baixa no boletim escolar era em educação física, usava óculos estilosos etc. Porém, todos esses clichês culminaram em uma mente absolutamente genial. Para se ter ideia, a escola que ele frequentou quando criança foi rebatizada de Liceu Henri Poincaré e unida a uma universidade chamada... Henri Poincaré.

O matemático é considerado um "universalista", o que significa que ele fez contribuições em diversas áreas da ciência (incluindo a teoria da relatividade), apesar de se destacar em matemática. Uma de suas pesquisas de maior relevância é sobre o "problema de três corpos", proposto no aniversário de um rei. Acredite se quiser, para celebrar seus 60 anos, o rei Oscar II, da Suécia, propôs entregar um prêmio a quem explicasse como três corpos sujeitos à gravitação poderiam orbitar, como no Sistema Solar. A ideia não foi do rei, mas do nosso velho conhecido "ciclope" Euler, que propôs essa reflexão em um de seus livros de notas de 1760.

Talvez fosse mais fácil e divertido celebrar o aniversário do monarca encomendando um cento de salgado, mas, se Oscar II gostava tanto assim de ciência, quem somos nós para julgá-lo? Henri se interessou pelo problema e desenvolveu uma solução que, embora não explicasse 100% do problema, foi considerada tão avançada que o fez levar o prêmio. Além disso, sua explicação de como corpos podem se mover de modo irregular em um sistema com leis determinísticas forneceria a base para o que hoje chamamos de teoria do caos (vamos falar dela mais adiante).

Nosso amigo também foi o responsável pela famosíssima "conjectura de Poincaré", que envolve nada mais nada menos do que rosquinhas e laranjas – ou a forma delas. O francês era especializado em topologia, ramo da matemática responsável por estudar as formas dos objetos. Em outras palavras, ele criava problemões estranhos envolvendo comida. Imagine, por exemplo, uma laranja que estava inocentemente esperando virar suco até se deparar com Poincaré. Em vez de espremer a fruta para seu refresco matinal, o matemático amarrou um fio ao redor da laranja e começou a imaginar coisas.

Em teoria, podemos apertar o nó, fazendo com que ele deslize pela superfície da fruta até virar um pontinho encostado na laranja. Poincaré, que estava adorando brincar na cozinha, aparentemente, resolveu deixar a laranja em paz e tentar fazer a mesma coisa com uma rosquinha – ou, em termos geométricos, um toro. Ele imaginou como seria amarrar um fio através do buraco da guloseima e ficou decepcionadíssimo ao perceber que não há como apertar o nó sem fazer com que o fio atravesse a massa (ou, no caso de uma rosquinha de algumas semanas, sem fazer com que o fio se rompa).

Traduzindo para termos matemáticos, podemos dizer que a superfície da laranja é "simplesmente conectada", enquanto a da rosquinha... não é. Encantado com suas observações, Poincaré afirmou que todo o espaço tridimensional sem buracos pode se transformar, sem cortes e sem colagens, em uma esfera. Mas o moço, espertinho que só, deixou isso no ar e foi curtir a vida (talvez de fato comer uma rosquinha e tomar um suco de laranja, pensando na teoria da relatividade), enquanto outros matemáticos quebravam a cabeça para tentar provar se a conjectura de Poincaré estava certa ou errada.

Como você já deve ter percebido ao ler sobre tantos matemáticos neste livro, eles tendem a ficar obcecados por problemas, e a conjectura de Poincaré tornou-se para os tempos modernos o que era a quadratura do círculo para os gregos: um problemaço fascinante capaz de atormentar algumas das mais brilhantes mentes do século XX, tendo sido, inclusive, classificado como um dos "sete problemas do milênio" (tretas matemáticas tão cabeludas que o Instituto Clay de Matemática, nos EUA, foi compelido a oferecer um prêmio de 1 milhão de dólares para quem resolvesse uma delas).

Na virada do milênio, uma outra figura curiosa entra nessa história: Grigori Perelman. Se você pesquisar por esse russo na internet, vai perceber que existe todo um mito ao redor dele e que não está relacionado a sua cabeleira estilosa. Muita gente se refere a ele como o "homem mais inteligente do mundo". Mas toda essa aura de mistério faz sentido.

Perelman foi capaz de demonstrar a conjectura de Poincaré antes de chegar aos 40 anos, em meados de 2002. Sua solução é considerada revolucionária para a forma com que compreendemos espaços tridimensionais. Mas, em vez de mandar sua resposta para o Instituto Clay e entrar para o clube dos milionários, nosso amigo russo simplesmente divulgou suas descobertas na internet e, pasme, abriu mão do prêmio! Além disso, o matemático não curte muito conversar com a imprensa e dar entrevistas. Para ele, jornalistas não estão interessados em ciência, querem saber mais sobre sua vida pessoal e seu cabelo. Durante as poucas vezes em que alguém conseguiu entrevistá-lo, ele teria dito que abriu mão do seu milhão porque "sabe controlar o Universo". Para que um milhão, não é mesmo?

A galera achou estranho e melhor não comentar ("talvez ele tivesse tinta no cabelo..."), mas quando, em 2006, Perelman foi laureado com a Medalha Fields, o mais prestigioso prêmio da matemática, o bicho pegou. O russo mandou um "ao vivaço" para os matemáticos responsáveis pela nomeação, dizendo que o prêmio era "completamente irrelevante". Para ele, se a sua descoberta funcionava, ele não precisava de nenhum outro reconhecimento. "Eu não sou um herói da matemática", disse Perelman. No entanto, mesmo sem querer o reconhecimento (ou o dinheiro), Perelman se tornou uma verdadeira lenda. Sua recusa em dar entrevistas só fez o interesse da imprensa por ele aumentar e sua vida atual é alvo de especulação. Há quem diga que ele está aposentado da matemática, frustrado com a politicagem do meio. Há quem diga que ele está desenvolvendo soluções para problemas matemáticos por meio de nanotecnologia, na Suíça. E há especulações de que ele estaria sendo investigado pelo próprio governo russo, que estaria preocupado com a capacidade de seu enorme intelecto. A verdade, no entanto, é que ninguém sabe exatamente por onde anda esse gênio.

O dinheiro do Instituto Clay que Perelman recusou foi usado para a criação de uma bolsa, no nome de Poincaré, para matemáticos brilhantes no Instituto Henri Poincaré, em Paris.

♠ CAPÍTULO 4 ♠
O pai do infinito

O que você faz quando cria uma teoria matemática que parece ser tão doida que grandes matemáticos, como Poincaré, a desacreditam? Para explicar sua criação, o russo Georg Cantor (1845--1918) resolveu jogar na vontade de Deus o porquê de seus números transfinitos serem daquele jeito. E não só Deus quis, como entregou toda essa teoria de bandeja para o russo.

Como você deve ter percebido, Cantor, um dos maiores matemáticos de todos os tempos, não era apenas um nerd de marca maior, mas também um cara bem devoto. Desde criança, ele alternava entre os livros e a igreja luterana. Ele era tão inteligente que chegou a estudar na Escola Politécnica da Suíça, onde um sujeito chamado Einstein também foi aluno (aliás, que fique registrado que Einstein penou para passar no vestibular da Poli, enquanto Cantor foi aprovado tranquilamente). Outro grande sinal de que Cantor gostava de matemática até demais é que, durante sua lua de mel nas montanhas da Alemanha, o sujeito passou mais tempo discutindo números com Richard Dedekind, famoso matemático alemão, do que curtindo a vida de recém-casado com a esposa.

O que deu fama a nosso amigo foi sua pesquisa sobre a teoria dos conjuntos. Antes dele, achava-se que essa história de conjuntos não tinha mistério. Pessoas podem ser separadas entre as que estão felizes e as que estão tristes. Batatas podem ser separadas entre cruas e assadas. Qualquer membro individual de um conjunto pode ser membro de outros conjuntos. Por exemplo, a batata assada pode ser membro do conjunto total de batatas e também do conjunto de tubérculos. Pode ser membro, inclusive, do conjunto de alimentos que combinam com uma deliciosa carne assada. Alguns conjuntos se sobrepõem, podendo conter outros (o das batatas pode incluir o das assadas, das fritas, do purê, da recheada etc.). E, na matemática, podem existir conjuntos cujos membros são infinitos.

Cantor definiu um conjunto como um agrupamento de objetos de qualquer tipo, sem que isso tire do objeto a sua identidade. Os números poderiam ser separados em conjuntos, e estes poderiam ser infinitos. E esse infinito, por não ter limites, teria o mesmo tamanho, certo? O tamanho... infinito?

Para Cantor existiam diferentes tipos de infinito. Por exemplo, se compararmos o conjunto de números reais com o de números inteiros positivos, eles não terão o mesmo tamanho, por mais que sejam infinitos. Então, ele desenvolveu o conceito de números transfinitos, para descrever o tamanho de um conjunto infinito de objetos. Se você está achando o negócio meio doido, prepare-se para ouvir como o sujeito chamava a sua notação: o menor número transfinito é chamado *aleph-nought*, que conta o número de integrais. (Já está tremendo?)

Apesar de a matemática por trás desse conceito parecer meio doida, sua ideia principal não é. Existe um infinito número de integrais. Mas há um número ainda maior de números que podem ser expressados por frações: os racionais. Então, não faz sentido que, apesar de os dois conjuntos serem infinitos, o conjunto dos racionais seja ainda maior do que o dos integrais? E se contarmos o conjunto dos números reais, que inclui números racionais e irracionais, ele não seria ainda maior? A ideia deriva do paradoxo de Zenão (discutido em capítulo anterior): precisamos sair de um ponto 0 a um ponto 1, mas entre o 0 e o 1 existe uma infinidade de pequenos pontos, que é, inclusive, maior em quantidade do que o 0 e o 1 – um infinito entre esses dois pontos.

Segundo Cantor, Deus era o verdadeiro autor dessa lógica, e ele, um mero mortal, havia apenas organizado as ideias para as pessoas compreenderem. E a teoria estava acima de qualquer dúvida, porque, afinal, Deus contara para ele que ela funcionava.

Mas para alguns matemáticos esse argumento não era suficiente. Um sujeito chamado Leopold Kronecker, especificamente, achou toda essa ideia de diferentes infinitos um absurdo sem tamanho (pegou o trocadilho?). Ele acreditava que a matemática estava essencialmente ligada à computação (aqui o termo não tem nada a ver com eletrônica, apenas com o ato de computar, fazer cálculos), e se algo não poderia ser medido (como a diferença entre os infinitos), isso simplesmente acabaria com o exercício possível da matemática. Como afirmar que a quantidade dos números reais é maior do que a quantidade de números inteiros sem saber quantos números reais existem?

O problema é que Kronecker era um matemático importante na Universidade de Berlim, onde Cantor almejava trabalhar. Durante anos, Cantor tentou uma vaguinha por lá, para divulgar sua teoria dos conjuntos e seus números transfinitos, mas recebeu várias cartas com respostas negativas de "Leo" e seus "parças".

Essa situação fez nosso amigo perder a confiança no próprio trabalho e deixar a ciência de lado. Ao longo de uma forte crise depressiva, Cantor começou a se corresponder com o também matemático sueco Magnus Gösta Mittag-Leffler, citando Kronecker como um dos motivos pelo abandono da matemática. "Eu seria muito mais feliz sendo cientificamente ativo, se apenas eu tivesse a clareza mental necessária", escreveu em um dos textos.

No período em que deixou a matemática de lado, Cantor resolveu se dedicar ao estudo das letras. Ele estava convencido de que as obras de Shakespeare, na verdade, tivessem sido escritas pelo filósofo Francis Bacon – o que nunca conseguiu provar. No fim das contas, o matemático superou sua crise de depressão e voltou a contribuir para a ciência, embora de forma mais tímida. Ele, inclusive, chegou a se reconciliar com Kronecker, pouco antes da morte do alemão, mas mesmo assim não recuperou o ritmo antigo de produção.

Suas ideias sobre matemática passaram a se misturar com as ideias sobre religião. Cantor começou a dizer não apenas que Deus havia lhe dado o conhecimento para criar a teoria dos conjuntos e os números transfinitos, mas que o próprio Deus era o infinito absoluto, aquele que engloba tudo. Cantor então resolveu espalhar essas crenças pelo mundo e começou a escrever para filósofos e até mesmo para o papa Leão XIII, sem obter respostas. (Não ajudava também o fato de, quando mais novo, nosso amigo ter afirmado que Maria não era virgem quando engravidou de Jesus.)

Em 1899, Cantor passou a sofrer novamente com depressão. E, como não há nada tão ruim que não possa piorar, seu filho mais novo, Rudolph, faleceu. Um ano depois, seu trabalho sobre números transfinitos foi criticado pelo matemático Julius König na frente de um grande público, que incluía a filha de Cantor. Apesar de König não ter conseguido desacreditar o trabalho do russo, nosso amigo viu isso como uma enorme humilhação. Então, abandonou de vez qualquer interesse que ainda pudesse ter pela ciência. Dava umas palestras aqui e acolá, mas nunca mais produziu algo robusto.

Em 1913, Cantor se aposentou e, durante a Primeira Guerra Mundial, viveu na pobreza e ficou desnutrido. Em 1917, ele foi internado em um hospício pela última vez, onde acabou morrendo, vítima de um ataque cardíaco, sem saber que sua criação, a teoria dos conjuntos, se tornaria um dos ramos fundamentais da matemática.

♠ CAPÍTULO 5 ♠
Boole-nando a álgebra

O que você diria se um matemático lhe propusesse o seguinte: reduzir as operações possíveis e também os numerais? Fazer contas usando apenas 0 e 1 e três operações básicas que nem são as famosas adição e subtração, mas conceitos como E, OU e NÃO. Antes que você saia beijando os pés do criador da álgebra booleana, fique sabendo que as coisas são menos simples do que parecem. Afinal, essas contas são as bases dos nossos computadores. E quem já mexeu com código binário pode atestar que ele está longe de ser tranquilo.

Apesar da grandiosidade de sua ideia (um novo tipo de álgebra), seu criador teve um início de vida muito humilde. George Boole nasceu em 1815, na Inglaterra, filho de um sapateiro que não tinha condição de pagar por uma educação formal. O pai de George, então, fez um acordo para que o livreiro da cidade lhe ensinasse um pouco de gramática e latim, e ali percebeu que havia algo diferente com seu filho. O menino simplesmente absorvia conhecimento, como uma pequena esponja, e, aos 14 anos, traduziu uma série de versos para o latim. Quando essa tradução foi publicada pelo jornal local, teve um pessoal que ficou pistola achando que era impossível que um garoto tivesse traduzido o tal poema. Entre os indignados, um professor de línguas clássicas, que propôs a Boole um desafio: além de latim, ele deveria aprender grego.

Você pode até suspirar pensando na chatice insuportável de aprender uma língua que, em teoria, estava morta. Mas nosso amigo George adorou a oportunidade e passou a devorar livros no idioma de Euclides. De quebra, quando estava mais velho, entrou em um seminário e, apesar de não seguir a carreira religiosa, aprendeu alemão, francês e italiano. A carreira escolhida por Boole, aliás, foi a de professor: o cara simplesmente decidiu abrir uma escola, porque não bastava ser nerd, tinha que alimentar o intelecto de outras pessoas como ele. Mas Boole percebeu que, para atender às demandas da educação moderna, precisaria ensinar mais do que idiomas e gramática, e começou a estudar matemática para adicionar mais variedade ao seu currículo.

Entre livros de álgebra e uns textos de Laplace, Boole percebeu que ele poderia analisar a simetria de equações e simplificá-las por meio de outra linguagem. Foi então que ele criou sua famosa álgebra.

Vamos supor uma afirmação V, que é verdadeira. Portanto, a afirmação NÃO-V é falsa (F). Se V é verdadeira e a juntamos com F, então V *e* F só serão verdadeiras se F for verdadeira também. Se dissermos que V *ou* F são verdadeiras, então a afirmação funciona, independentemente de F ser verdadeira ou falsa, porque V é verdadeira.

O truque de Boole foi escrever V como 1 e F como 0. Com isso, sucintamente, é possível descrever qualquer operação que se baseie em uma afirmação. De acordo com nosso amigo, esse método foi inspirado não apenas pelo que ele achava mais conveniente, mas pela própria forma com que o cérebro humano funciona.

Boole enviou suas ideias para o *Jornal matemático de Cambridge* e, assim que elas foram publicadas, cartas de famosos matemáticos, como Augustus De Morgan, começaram a chegar à casa do inglês. Ele foi convidado a lecionar em outros lugares, incluindo o Queen's College, na Irlanda, tendo cogitado estudar em Cambridge, mas desanimou-se quando soube que precisaria estudar outras coisas além de sua pesquisa e seguiu como professor.

Neste livro existe uma verdadeira coleção de mortes curiosas, mas talvez a morte de Boole seja uma das mais bizarras. Nosso amigo estava com 49 anos quando desenvolveu uma febre por ter tomado uma chuva fria. A esposa dele, que estava encarregada de cuidá-lo, infelizmente tinha uma crença estranha de que os males da saúde devem ser curados com a mesma coisa que os causou. Ou seja, ela jogou vários baldes de água fria sobre o febril Boole, agravando a doença até um ponto incurável.

Mas a morte de Boole não significou o fim de sua contribuição para a ciência. Cerca de 70 anos após George ter partido desta para a melhor, um americano chamado Claude Shannon foi apresentado à álgebra booleana e acabou aplicando os conceitos em circuitos – ele também mostrou que circuitos poderiam resolver problemas de álgebra booleana. Com isso, acelerou a otimização de linhas telefônicas e, por consequência, contribuiu para a era digital. Se você conhece algo de programação, sabe que existe a palavra "bool" ou "booleano" para representar um tipo de dado que tem dois valores (1 ou 0). E agora você sabe o motivo.

♠ CAPÍTULO 6 ♠
A fórmula que mede a nossa evolução

Em 1859, um moço chamado Charles Darwin publicou um livro chamado *A origem das espécies*, que deixou o pessoal no chão ao introduzir a ideia de evolução. Darwin acreditava que todas as formas vivas são resultado de anos e anos de adaptação, de acordo com a lei de que o "mais apto sobrevive". Ou seja, vamos supor que exista uma população de coelhinhos. Alguns têm pernas mais longas, o que os ajuda a correr mais rápido de predadores. Aqueles que nascem com pernas mais curtas tornam-se presas mais fáceis e, portanto, não sobreviverão para passar suas características à próxima geração de coelhos. Ao longo do tempo, os descendentes apresentarão pernas maiores para correr mais rápido. Então, se comparássemos o esqueleto de um coelho ancestral, de alguns milhares de anos atrás, com o de um coelho atual, veríamos um considerável aumento no tamanho das pernas. Isso vale para todas as espécies, e também explicaria a existência de diferenças entre espécies que acabaram se separando geograficamente e se adaptando em ambientes diversos.

Quando Darwin publicou *A origem das espécies*, uma ciência chamada genética ainda estava engatinhando. O monge Gregor Mendel estava, provavelmente, sendo julgado por seus colegas de mosteiro por seu interesse obsessivo em pés de ervilha. Ele passava horas analisando características como altura, flores e cor das ervilhas produzidas por suas plantinhas para estudar padrões de hereditariedade. O que acontece quando uma planta que produz ervilhas amarelas cruza com uma que produz ervilhas verdes? E se a planta resultante desse cruzamento se reproduzir com uma produtora de ervilhas amarelas? E verdes? De longe, realmente parece que Mendel tinha um parafuso a menos.

Mas foi graças a seu mapeamento do cruzamento de ervilhas que Mendel conseguiu determinar padrões de hereditariedade que seriam a chave para a nossa compreensão da teoria da evolução: a genética. Se um par de coelhos, um de pernas longas e um de pernas curtas, se reproduz, quantos coelhos teremos ao fim de um ano? Brincadeira! A parte de Fibonacci já passou... A questão é: quantos filhotes de pernas mais longas teremos nessa ninhada?

Talvez você tenha visto isso na aula de Biologia, mas o que tem a ver com matemática?

Em 1908, um matemático chamado Godfrey Hardy e um biólogo chamado Wilhelm Weinberg descobriram uma prova matemática que mistura os conceitos de Mendel com os de Darwin. Eles conseguiram, de forma independente, sem trocar ideias um com o outro, mostrar o conceito do equilíbrio evolutivo, que pode explicar por que você não é tão diferente de um ancestral da época do Pitágoras, mas é muito diferente de um hominídeo que viveu há muito mais milhares de anos, brigando com mamutes e coletando frutinhas para sobreviver. Ou seja, eles conseguiram explicar matematicamente que a evolução existe, mesmo que não seja perceptível no decorrer de nossas vidas.

O equilíbrio de Hardy-Weinberg mostra, por meio de uma belíssima equação, que quando não há fatores externos que nos obriguem a evoluir, a genética permanecerá constante. Mais especificamente: $p^2 + 2pq + q^2 = 1$. Calma, antes que você comece a suar frio, vamos tomar como exemplo os coelhinhos de pernas longas ou curtas. Ao determinar que a característica da perna longa é dominante geneticamente, representamos os animais com esse aspecto por AA, ou seja, homozigotos dominantes, com alelos iguais. A perna curta é, portanto, uma característica recessiva geneticamente, representada pelos alelos aa – também homozigotos, com alelos iguais, porém recessivos. Coelhos que têm pernas longas, mas possuem genes de pernas curtas herdados de seus ancestrais são Aa, ou seja, heterozigotos.

Na fórmula de Hardy-Weinberg, p^2 é a frequência de homozigotos dominantes, q^2 é a frequência dos homozigotos recessivos, e $2pq$ é a frequência dos heterozigotos na população. A partir do momento em que a soma desses valores alcança 1, temos uma população em equilíbrio, que não está em evolução no momento. Mas se fatores externos alteram esse equilíbrio, pode ser que mudanças estejam por vir. Por exemplo, se os coelhos de pernas longas subitamente começam a ser mais visados por causa de alguma tendência na culinária, a frequência com que esses bichinhos irão se reproduzir cai também, fazendo aumentar a população de coelhos de pernas curtas. Certamente, o resultado da equação nesse momento de transição não será 1.

Então, se você ouvir alguém criticando a teoria da evolução por aí, dizendo que, se ela fosse correta e comprovada, não seria uma "teoria", responda que a matemática está do lado da ciência. Ou, simplesmente, mande um $p^2 + 2pq + q^2 = 1$.

♠ CAPÍTULO 7 ♠
O cérebro mais famoso da história foi roubado e fatiado

Quando falamos de Newton, citamos seu emocionante epitáfio "A natureza e as leis da natureza estavam imersas em trevas; Deus disse 'Haja Newton' e tudo se iluminou". Pois então, ele foi atualizado na modernidade. Quando Einstein ganhou notoriedade, um poeta chamado J. C. Squire acrescentou um verso a essa belíssima homenagem (informalmente, claro): "Mas isso tudo não durou, o diabo disse 'Ho, que venha Einstein', e restaurou o *statu quo*". Isso é uma referência ao fato de que o mundo estava perfeitamente satisfeito explicando fenômenos baseados na física newtoniana até que aquele alemão com cabelos arrepiados aparecesse e jogasse a paz da nossa compreensão momentânea pela janela com sua teoria da relatividade.

E para fazer isso, é claro, ele usou a matemática. Mais precisamente, a geometria. Você já ouviu falar do conceito de espaço-tempo, provavelmente, que leva em conta que existe uma dimensão a mais do que podemos ver, mas que pode ser sentida: o tempo. Em quatro dimensões, Einstein considera que o espaço-tempo é curvo, com a curvatura aumentando próximo de corpos com grande massa – a curvatura seria produzida pela interação entre massa e energia. A interação também produziria o que chamamos de gravidade na física de Newton (embora Isaac não tenha chegado a explicar exatamente *o que* é a força da gravidade). Parece absurdo?

Em 1919, essa curvatura foi provada pela observação de um eclipse. Einstein afirma que os raios de luz são distorcidos pela curvatura do espaço produzida pela gravidade de um corpo celeste (uma estrela ou um planeta próximos). Sendo assim, no momento de um eclipse, estrelas podem aparecer em uma posição levemente diferente por causa dessa distorção. E medidas de estrelas no momento desse eclipse provaram que o físico estava correto.

O Brasil tem uma pontinha nessa história. Uma das medições desse eclipse foi feita em Sobral, no Ceará. Na década seguinte, Einstein viajou pelo mundo para espalhar sua teoria, inclusive dando um rolê pelo Brasil em 1925. Há imagens dele no Museu Nacional (o museu do Rio de Janeiro que pegou fogo em 2018), no Instituto Oswaldo Cruz e dando entrevista na antiga Rádio Sociedade. Seus diários contêm observações sobre sua impressão da terra brasileira. Ele afirma que a flora e a fauna "superam os sonhos das mil e uma noites" e cita também a "maravilhosa mistura étnica", enquanto comenta sobre o clima quente e sua influência no comportamento das pessoas.

Einstein não colocou a geometria não euclidiana no lugar da física comum só porque ele não tinha nada melhor para fazer naquela tarde de quinta-feira. A teoria da relatividade foi o produto de uma vida impressionante que levou o alemão a essas conclusões.

Tudo começou no dia 14 de março de 1879, com o nascimento de nosso amigo. Não houve nenhum efeito impressionante, a luz não se dobrou ao redor do bebê para indicar que ali havia um gênio que mudaria a nossa compreensão do Universo. Para falar a verdade, talvez apenas a mãe de Einstein, Pauline, tenha sacado que havia algo incomum com a criança. Dizem que, assim que colocou os olhos em Albert, ela teria ficado impressionada com o tamanho da cabeça do garoto (pudera, foi ela que deu à luz aquele adorável cabeçudinho). Mas não se engane ao achar que isso era sinal de que ele seria um prodígio logo cedo. Einstein demorou mais do que a média para aprender a falar e, quando foi para a escola, digamos que seu desempenho não era formidável.

Mas se você acha que suas aulas eram chatas, é porque você não era colega de sala de Albert. O método disciplinar na Alemanha daquela época era a mais pura decoreba: o professor repetia dados soltos incansavelmente e o trabalho dos alunos era memorizar tudo. Isso, convenhamos, é uma tortura para quem quer saber não quando as coisas aconteceram, mas por que aconteceram. Como saber como o mundo funciona decorando datas e nomes completos de autoridades políticas? Ou conjugando verbos em latim? De qualquer maneira, caso tenha que dar uma desculpa por uma nota ruim, lembre-se de que Einstein era brilhante, mas, na educação formal, um aluno sofrível.

Para piorar a situação, quando Albert tinha 15 anos, a empresa de seu pai (uma companhia elétrica) faliu e a família (quase) toda resolveu empacotar as coisas e morar na Itália. "Quase", porque eles deixaram um certo adolescente nervosinho para trás, para que ele completasse os estudos. Mas a família Einstein não contava com a astúcia do nosso amigo, que, pouco tempo depois, conseguiu a façanha de ser expulso do colégio e apareceu na nova casa dos parentes na Itália, de surpresa, como se nada tivesse acontecido. E o rapaz, não contente em não completar os estudos, também declarou que estava farto de ser alemão – é isso mesmo o que você leu. Ele não apenas queria morar fora da Alemanha, mas passou a dizer que não queria mais ter aquela nacionalidade. Einstein conseguiu permissão da família para renunciar ao título de cidadão alemão e se tornou cidadão de país nenhum.

Após esse episódio, Einstein começou a ficar entediado na Itália e decidiu voltar a estudar. Ele se encantou pela Escola Politécnica da Suíça, em Zurique, que era um local onde várias mentes brilhantes se encontravam para pensar juntas. Mas entrar lá não era tão simples quanto fazer a matrícula e começar a estudar – havia um processo seletivo. E, como sabemos, nosso amigo, apesar de decididamente nerd, não se dava bem com estruturas de ensino formais, e acabou indo muito mal na prova de línguas. Com isso, o plano de entrar na sua escola dos sonhos foi adiado, e Albert foi para Aarau, também na Suíça, estudar em um liceu para se preparar e tentar a sorte no processo seletivo do ano seguinte.

Não foi fácil. Os professores do liceu não colocavam muita fé em Albert, já que seus métodos de ensino não eram tão diferentes dos alemães e que, como de costume, o rapaz estava pensando em várias outras coisas (como o funcionamento do Universo, por exemplo) em vez da conjugação de verbos em latim. De qualquer forma, um ano depois, nosso amigo conseguiu notas altas o suficiente para passar no exame seletivo da Escola Politécnica e, lá, finalmente começou a se divertir. Não apenas porque achou as aulas de Ciência mais estimulantes, mas também por conta de sua turma de amigos e de sua namorada, Mileva Maric (1875-1948).

Mas tudo que é bom dura pouco. Logo, Einstein estava formado na Politécnica e, querendo se casar com Mileva, começou a procurar emprego. Seu objetivo era virar professor de Ciências em alguma escola ou faculdade, mas ninguém da academia pareceu muito impressionado com o currículo do cara ou com o jeitão dele. Albert foi obrigado a aceitar um cargo que não tinha nada a ver com seus sonhos profissionais (quem nunca, não é mesmo?) no Serviço de Patentes da Suíça, em Berna. Mas lá ele se surpreendeu ao ver que, por meio das invenções que as pessoas cadastravam no escritório, era possível entender como elas funcionavam e, de forma mais profunda, como o mundo funcionava também. A cabeçona de Albert estava sendo alimentada e provocada constantemente e, nessa época, ele começou a formular sua famosa teoria da relatividade.

Já falamos um pouco sobre essa ideia genial no comecinho do capítulo. Mas, para compreendê-la de fato e admirar a mente intrincada de Einstein, precisamos elaborá-la um pouco. Na época em que Albert era um jovem adulto, curioso para compreender os mistérios do Universo, a física baseada nas ideias de Newton era lei. E para explicar como as coisas se movem em nosso mundo, Isaac determinou a existência de dois tipos de objetos: aqueles que estão em movimento e as coisas que estão em "repouso absoluto".

Você pode até achar que está vendo algo em repouso absoluto ao ver seu pai dormindo de boca aberta no sofá durante uma tarde de domingo. Mas a verdade é que, mesmo parados, estamos nos movendo. E isso não é magia (nem tecnologia), é a Terra viajando pelo espaço a uma velocidade de centenas de quilômetros por hora. Mas, como estamos "dentro" dela, não sentimos esse movimento. É como se estivéssemos dentro de um avião. Apesar de vermos as cidades passando por baixo de nós, o copo de água sem gelo que a aeromoça lhe ofereceu parece estar completamente parado. E é daí que vem um dos princípios da teoria de Einstein: não existe movimento absoluto ou repouso absoluto, como dizia Newton. O movimento só pode ser relativo a algo. Por exemplo, os carros se movendo na rua enquanto você os vê da janela. Ou o Sol, que parece estar se movendo ao redor do nosso planeta (não é à toa que foi difícil provar que o Universo não se move ao redor da Terra).

Mas, então, fez-se a luz – ou, mais precisamente, a velocidade dela. Albert começou a ficar encucado com essa coisa que chamamos de luz e que não parece ter uma velocidade variável. Suponha o seguinte: o Neymar está jogando futebol e (sem cair) vai chutando uma bola devagar, para guiá-la. Ele chega na boca do gol e chuta a bola, que já está em movimento. A física mostra que a velocidade que a bola irá atingir depende de sua velocidade anterior somada à velocidade causada pelo chutão do menino Ney. Certo, mas e se ele chutar um raio de luz? Caso tenha essa habilidade especial, Neymar não vai provocar nenhuma variação na velocidade da luz, pois ela sempre será de 300 milhões de metros por segundo.

O que isso diz sobre a luz, afinal? Enquanto muitos de nós já estariam com o cérebro fumegando, Einstein estava achando suas digressões divertidíssimas. Tanto que imaginou um mecanismo engenhoso para juntar seus pensamentos sobre luz com a relatividade: um relógio de luz. Ele funcionaria com dois espelhos, um voltado para o outro, afastados por 30 centímetros. Então, um raio de luz é colocado entre eles. Ao bater em uma superfície, ele é refletido pela outra e retorna para a primeira para sempre. Como a luz é superveloz, a cada segundo haverá 1 bilhão de batidas em uma das superfícies.

Agora imagine alguém caminhando seguindo esse mecanismo. Como a pessoa está se movendo na horizontal e o raio está indo para cima e para baixo dentro do relógio, a luz produzida aparecerá em zigue-zague. Mas se a pessoa acelera e começa a correr, as ondas do zigue-zague aumentam. Qual o mistério, você pode se perguntar? O mistério é que a velocidade da luz não muda. Então, como ela demora mais para ir de um espelho para outro quando a cobaia do nosso experimento corre? Não se assuste, mas acabamos de alterar o tempo. Afinal, as batidas do raio de luz demoram mais do que antes, pelo menos para nós, que estamos observando um pobre coitado correndo. Para ele, a velocidade e o ritmo de batidas permanecem o mesmo. Isso significa que o tempo está passando mais devagar para ele também. Resumindo: o tempo passa mais rápido ou mais devagar dependendo da velocidade em que você se move.

Einstein, sendo um nerd de primeira, usou geometria (incluindo o temido teorema de Pitágoras) para explicar esse fenômeno com uma fórmula e desenvolveu sua famosa equação da dilatação do tempo. Nesse meio-tempo, ele estabeleceu, também, que as coisas ficam menores quando se movem. Afinal, para que simplificar se podemos complicar, não é mesmo?

Falando em complicação, nesse período em que Einstein estava rachando a cuca, houve um entrave: Mileva, que ainda não havia se casado com ele, engravidou. Aparentemente, nosso gênio não estava ocupado apenas com contas e ideias sobre relógios de luz, não é mesmo? Naquela época, ter um bebê fora do casamento complicava as coisas. Então, o casalzinho resolveu colocar a filha, Lieserl, para adoção. Esse fato da vida de Einstein veio a público só em 1986, quando cartas do cientista para Mileva mencionando a menina foram encontradas. Nos textos, ele dizia que Lieserl não devia beber leite de vaca (pois isso "poderia torná-la estúpida") e afirmava que amava a garota mesmo sem conhecê-la. Ao que tudo indica, no entanto, Einstein nunca chegou a encontrar a filha. Até hoje não se sabe o que aconteceu com a garotinha, embora a principal suspeita seja a de que ela tenha morrido enquanto ainda era muito pequena, sob a guarda de conhecidos de sua mãe.

Após a gravidez, Mileva e Albert apressaram-se em oficializar o matrimônio, e ele publicou a sua teoria da relatividade ainda como funcionário do Serviço de Patentes. Lógico que um texto com uma hipótese não provada e que mudava completamente o que se pensava sobre física causaria dúvidas, especialmente sendo escrito por um cara que nem era professor em alguma universidade. Aliás, quando era questionado sobre por que tinha certeza de que estava certo, Einstein dava uma resposta nada científica: ele citava Deus. Não o Deus da religião judaica, mas uma entidade que buscava simplicidade na organização do Universo que havia criado. Pode?

No fim das contas, a Universidade de Berna ofereceu a Einstein um cargo de professor em meio período, para que ele ainda pudesse manter seu emprego de "Almeidinha" no escritório de patentes – e, inicialmente, a diretoria deve ter se arrependido amargamente. Isso porque Albert não era um mestre como aqueles que ele odiava, que passavam a aula inteira lendo textos para que os estudantes decorassem, mas pedia que seus alunos fizessem perguntas para que ele respondesse. Aliás, aluno, no singular, já que só uma alma corajosa se inscreveu no curso do professor, e a disciplina logo foi cancelada.

Mas com o crescente interesse pelos estudos de Albert, ele conseguiu um cargo de professor na Universidade de Zurique e, lá, seus métodos de ensino foram bem mais apreciados – afinal, ele não gostava de dar aula na sala, mas em um café, trocando ideias com os estudantes na maior descontração. Ele também fez amigos como Max Planck e Marie Curie, de quem talvez você já tenha ouvido falar.

Com a ajuda dos amigos, a fama de Einstein se espalhou pela Europa e ele recebeu um convite que o deixou balançado: dirigir o setor de física da Universidade Friedrich Wilhelm, a convite da Academia Prussiana de Berlim. Por um lado, ele ganharia muito dinheiro e teria um trabalho muito bacanudo. Por outro, ele odiava a Alemanha, assim como Mileva. Convenientemente, seu casamento não estava muito bem, então a mudança acabou servindo como um motivo para a separação. Na verdade,

Einstein, esse espertinho, estava trocando cartas de amor com uma de suas primas, Elsa. Assim que Mileva saiu de casa, Einstein não perdeu tempo e se casou com a parente.

Quando Albert chegou em Berlim, o ano era 1913. No ano seguinte, o arquiduque Ferdinando, da Áustria, foi assassinado, dando início à Primeira Guerra Mundial, que se estendeu até 1918. Einstein, um pacifista, tentou usar sua influência para apaziguar os conflitos, mas não teve sucesso. Em 1917, um ano antes do fim da guerra, ele estava tão nervoso que desenvolveu uma série de problemas de saúde e ganhou uma licença médica para descansar. Nosso amigo aproveitou para ir para a praia, onde adquiriu o hábito de andar descalço, costume que manteve até seus últimos dias. Mesmo em lugares mais requintados, era comum encontrá-lo com os dedões à mostra.

A guerra também atrapalhou os planos científicos de Albert. Ele queria provar sua teoria de que a gravidade é a distorção que a matéria provoca no espaço-tempo, como explicamos no início do capítulo, com o eclipse de 1914, mas teve que esperar até 1919 para ver a tal dobra comprovada. Quando isso aconteceu, ele iniciou seu *tour* mundial e foi recebido como uma celebridade no mundo inteiro, inclusive no Brasil. Ele estava no Japão quando recebeu a notícia de que havia ganhado o Prêmio Nobel de Física, em 1921 (que, acredite se quiser, não foi por conta da sua teoria da relatividade, mas por um trabalho de análise das partículas de luz).

Na década seguinte, as coisas começaram a mudar. A Alemanha, que ainda era a residência oficial de Albert, entrava na época de ascensão do Partido Nacional-Socialista dos Trabalhadores Alemães, mais conhecido como Partido Nazista. Judeu, Einstein saiu em defesa de seu povo e chegou a escrever um artigo de jornal dizendo que os judeus que haviam chegado à Alemanha como refugiados após a Primeira Guerra Mundial deveriam receber permissão para ficar por lá. Sua posição e seu *status* como um dos cientistas mais famosos do mundo fizeram com que a Organização Sionista Mundial o convidasse para ser um de seus representantes e o enviou para conseguir ajuda financeira para os necessitados.

Nessa época, ele começou a receber ameaças de morte, e seu amigo Walter Rathenau, ministro das Relações Exteriores da Alemanha, foi assassinado. Isso o convenceu de que talvez o melhor a fazer era ficar nos Estados Unidos, onde ele iniciou uma campanha contra novos conflitos, antecipando-se à Segunda Guerra Mundial. Ele recebeu o convite de um ricaço apaixonado pela ciência chamado Abraham Flexner para trabalhar no Instituto de Estudos Avançados, fundado por Flexner em Princeton. Enquanto isso, em Berlim, o apartamento de Albert foi saqueado e seus livros queimados.

Mas Flexner não tinha muita noção de privacidade. Por querer que Albert se dedicasse apenas à ciência, ele abria a correspondência do nosso amigo para verificar se ele não estava se envolvendo com a política da guerra, inclusive negando em nome dele um convite para um jantar com o presidente dos EUA. Quando o cientista descobriu, ele ficou pistola (e com razão) e foi jantar com o presidente mesmo assim.

Pouco tempo depois de Einstein ter se mudado para os Estados Unidos, sua esposa Elsa ficou doente e faleceu. Com o início da Segunda Guerra Mundial, ele passou a concentrar suas energias a ajudar judeus a saírem da Alemanha. Foi uma época muito difícil para nosso amigo, e há relatos que afirmam que ele começou a perder o juízo. Dizem que, em um dia, ele acabou saindo de sua casa em Princeton e não sabia mais como voltar, não lembrava o número do telefone e, como era famoso e seu nome não estava na lista telefônica, não teria conseguido ligar para a telefonista e perguntar.

Dizem também que, no fim da guerra, ele sentiu muito peso na consciência por conta da bomba atômica. Ele não é o responsável pela criação da arma, mas o princípio de sua mais famosa equação ($E = mc^2$ – vamos deixar essa para um livro sobre física), que afirma que a matéria é energia armazenada, foi a base para a criação das bombas de Hiroshima e Nagasaki. Ele também escreveu uma carta para o presidente Roosevelt falando sobre o perigo de deixar que os nazistas desenvolvessem um dispositivo nuclear. Albert, afinal, não esteve envolvido diretamente no projeto Manhattan (ele até chegou a ser convidado, mas recusou), porém vários de seus conhecidos tiveram uma participação ativa.

Em 1950, Einstein ficou sabendo dos estudos para desenvolver uma arma ainda mais poderosa do que as bombas atômicas jogadas sobre o Japão – a bomba de hidrogênio – e chegou a aparecer na TV para mandar um recado sobre como ela poderia significar o fim da humanidade. Mas sua saúde já não era a das melhores. Parte de sua aorta abdominal estava ficando fraca, problema que poderia ser resolvido com uma cirurgia, que Einstein dispensou dizendo que gostaria de partir quando ele quisesse. "Fiz minha parte, agora é hora de ir embora com elegância", teria dito. Morreu em abril de 1955, tendo trabalhado até seus últimos dias. Suas últimas palavras foram em alemão, e não puderam ser compreendidas pela enfermeira.

Mas a história do cérebro poderoso de Einstein não termina aqui. Lembra que, quando falamos do nascimento do nosso amigo, dissemos que a mãe dele achou que sua cabeça era maior do que o normal? Ela não foi a única. Assim como o crânio de Descartes e a massa cinzenta de Gauss, o cérebro de Einstein foi estudado por pesquisadores após sua morte, apesar de seu corpo ter sido cremado. O órgão foi removido do corpo do cientista por um patologista de Princeton chamado Thomas Harvey, que nem consultou a família do morto. E, para piorar, colocou o cérebro em um pote de vidro e o levou para casa!

Que fique registrado que a esposa de Harvey não gostou muito da ideia de ter um cérebro clandestino boiando em sua casa e ameaçou se separar do marido caso ele não desse um destino melhor ao órgão. Não é mistério que o casal tenha se separado. Em 1988, Thomas perdeu sua licença para praticar medicina e acabou indo trabalhar em uma fábrica de plástico, morando em um pequeno apartamento acompanhado de ninguém menos que... Einstein. O vizinho de Harvey era o escritor

William Burroughs (1914-1997), que costumava se gabar de poder espiar o cérebro do cientista alemão.

Muitos anos depois da morte de Einstein, Harvey conseguiu permissão da família do cientista para analisar aquele cérebro brilhante. Ele fatiou o órgão e enviou essas "tiras" para alguns outros pesquisadores pelo mundo, na esperança de que eles entendessem se havia algo especial ali que fazia Albert ser tão mais inteligente do que os outros seres humanos. E não é que algumas coisas realmente foram notadas? Um estudo da Universidade da Califórnia, em Berkeley, apontou que aquele cérebro possuía uma concentração maior de células da glia, responsáveis por fornecer nutrientes aos neurônios, na região responsável por processar informações. Outro estudo mostrou que Einstein não tinha uma espécie de fissura no cérebro comum a todos nós, o sulco lateral (ou fissura de Sylvian) – a hipótese é que, por causa disso, seus neurônios se comunicavam de maneira mais ágil.

Algumas dessas análises são encaradas com bastante ceticismo, não apenas por motivos mais técnicos da pesquisa, questões relacionadas à metodologia e a grupos de controle, mas também porque não se sabe quão confiáveis são as medidas de um cérebro que passou os últimos 60 anos "morando" em jarras e garagens.

♠ CAPÍTULO 8 ♠
O horrível fim de um dos maiores heróis da matemática

Alan Turing foi um dos matemáticos mais brilhantes da história e, enquanto sua vida foi pontuada por conquistas impressionantes e verdadeiramente heroicas, ela também foi recheada de tristeza. Alan era homossexual. Apesar de ter sido um dos responsáveis pelo fim da Segunda Guerra Mundial e de ser considerado o pai da computação moderna, ele foi submetido a experimentos horríveis como tentativa de reverter sua sexualidade.

Mas vamos começar do começo. O pequeno Alan nasceu em Londres, em 1912, e estudou em diversos internatos. No entanto, sua inteligência voltada às ciências exatas, mesmo que aflorada desde cedo, não foi suficiente para impressionar professores, que estavam menos interessados em matemática do que em gramática. Em uma carta para os pais de Turing, inclusive, o diretor da escola de Sherbone disse que "temia que Alan caísse dos bancos". Foi nessa escola que nosso amigo pode ter conhecido o seu primeiro amor, Christopher Morcom, que era tão apaixonado por astronomia quanto Turing era por matemática. No entanto, Morcom teve uma morte precoce causada por tuberculose bovina (contraída após ele ter bebido leite contaminado), fazendo Alan, em seu luto, se fechar em um mundo de livros e cálculos.

Sua próxima parada foi a King's College, em Cambridge, onde seu interesse por matemática foi finalmente reconhecido e se aproximou da ciência da computação. Em 1936, ele criou o conceito das "Máquinas de Turing", um dispositivo hipotético capaz de resolver qualquer tipo de problema, desde que ele fosse apresentado na forma de um algoritmo. Ou seja, essa máquina seria universal, capaz de resolver não apenas um tipo de questão (como eram as máquinas naquela época) a partir de uma linguagem que processaria diferentes símbolos para fornecer as respostas corretas. Parece familiar?

Depois de ganhar notoriedade como matemático no meio acadêmico inglês, Turing conseguiu uma bolsa para estudar matemática em Princeton, nos EUA. Lá, ele se aproximou de uma área que mudaria sua vida e sua carreira para sempre: a criptografia, o estudo de códigos e protocolos capazes de criar uma barreira de proteção entre uma mensagem e terceiros ou, na outra ponta da corda, de fornecer meios para quebrar esses códigos.

Após conseguir o seu PhD em Princeton, Alan voltou para a Inglaterra quando a Segunda Guerra Mundial estava prestes a estourar. Mal sabia o matemático que ele teria um papel importantíssimo durante e no fim dos conflitos. No dia 4 de setembro de 1939, um dia após os ingleses declararem guerra contra os alemães, ele se apresentou no Government Communications Headquarters (GCHQ), organização de inteligência britânica responsável pelos projetos de espionagem e de segurança de informações internas. Seu objetivo maior era fazer a criptoanálise da máquina Enigma, um sistema usado pelos alemães para enviar mensagens codificadas – e que dificultavam muito a operação dos países aliados.

Veja bem, a Enigma era uma máquina muito engenhosa, capaz de codificar e decodificar mensagens facilmente – tão facilmente que os alemães passavam todo o tipo de mensagem através dela, desde informações sobre ataques importantes até a previsão do tempo de todos os dias. Para isso, ela contava com um sistema que gerava uma substituição alfabética aleatória a partir de uma chave que provocava um estímulo elétrico recebido por seus rotores. No caso dos alemães, uma nova chave era divulgada todos os dias, com as máquinas sendo reiniciadas para que os padrões não se repetissem. Para entender o código transmitido por uma Enigma, outra máquina igual, com as mesmas configurações, era usada para reverter o código. No total, existiam cerca de seis sextilhões de possibilidades para a resolução de cada código, o que tornava a missão de decodificá-los impossível e garantia que os espiões britânicos não tivessem acesso ao que os inimigos estavam planejando.

A missão nada fácil de Alan era entender como a máquina funcionava e como eles poderiam decifrar os códigos ininteligíveis que eram interceptados. E provavelmente ele não teria conseguido se alguns operadores de rádio alemães tivessem usado suas máquinas da forma incorreta. Alguns deles foram negligentes o suficiente para usar a mesma chave nas suas máquinas todos os dias, ignorando instruções e facilitando a percepção de padrões.

Analisando uma máquina Enigma obtida pelos aliados, Turing foi capaz de construir uma outra máquina apelidada carinhosamente de "bomba", uma calculadora capaz de analisar permutações produzidas pela Enigma e oferecer respostas. Com a "Bomba de Turing", os ingleses foram capazes de ler inúmeras mensagens trocadas pelos alemães e antecipar movimentos militares durante a guerra. No entanto, era importante que os alemães não descobrissem que a Enigma havia sido decodificada, senão eles poderiam parar de usar o sistema e investir em uma criptografia ainda mais complexa. Então, os ingleses tinham o cuidado de mandar aviões de reconhecimento passarem sobre a área onde eles já sabiam que tropas ou navios alemães estavam, para fingir que eles foram encontrados por acaso, e não por espionagem.

É impossível precisar, exatamente, o número de vidas que Alan salvou usando apenas seu conhecimento matemático. O que podemos afirmar é que o impacto da sua "bomba" é sentido até hoje. Foi baseado nessa invenção que, em 1943, foi criado o Colossus, o primeiro computador.

Turing fez tudo isso com seu jeito peculiar, sendo chamado de excêntrico por seus colegas no GCHQ. Dizem que durante a primavera ele era acometido por uma severa alergia ao pólen e aparecia no serviço usando uma máscara de gás. Alan ia de bicicleta ao trabalho, e dizem que a correia da *bike* saía do lugar em intervalos sempre regulares. Em vez de trocar a magrela ou arrumar a correia, ele simplesmente contava a quantidade de pedaladas e, antes de dar a chance de a correia sair, descia da bicicleta e a ajeitava. Ele também gostava de se exercitar e era um corredor excelente, chegando a, em 1948, se inscrever para o time olímpico inglês (uma lesão impediu que ele se qualificasse, no entanto).

Nessa época, Alan chegou a ficar noivo de uma colega do projeto Enigma, Joan Clarke. Mas Turing não conseguiu manter o relacionamento por muito tempo e terminou tudo quando admitiu para ela que era homossexual. O que nos leva à verdadeira virada que a vida de Turing teve após seus grandes avanços durante o período de guerra.

Alan era um verdadeiro herói e uma das mentes mais brilhantes da nação, apesar de ter pouco reconhecimento formal. Mas tudo mudou em 1952, quando ele denunciou que sua casa tinha sido invadida e roubada. Quando tinha 39 anos, nosso amigo havia iniciado uma relação com um jovem desempregado de 19 anos chamado Arnold Murray, que assaltou a casa de Turing. Ao denunciar o crime para a polícia, o matemático admitiu que mantinha um relacionamento homossexual com o principal suspeito. O que os policiais fizeram? Acusaram Alan de indecência. Naquela época, a homossexualidade era considerada crime no Reino Unido (tendo sido descriminalizada somente em, pasme, 1967).

Ao se declarar homossexual, foram dadas a Alan duas opções: ser preso ou se submeter a um "tratamento de reversão". Turing considerou o tratamento como "menos pior" e, a partir daí, começou a receber injeções de estrogênio – em outras palavras, castração química. Em uma ocasião, ele falou que o tratamento fez até com que seus seios começassem a crescer. Além dos efeitos físicos da punição, Turing também passou por uma série de humilhações sociais. Ele perdeu o seu emprego como consultor da agência de inteligência britânica e, com isso, o acesso ao computador que o ajudou em suas pesquisas. A polícia também o mantinha sob vigilância constante, chegando a interceptar suas correspondências.

Em 1954, após ser humilhado e impedido de acompanhar estudos sobre computadores, Alan foi encontrado morto em casa. Um exame indicou que a causa da morte teria sido envenenamento por cianureto, e o laudo final estabeleceu que o matemático havia cometido suicídio. Mas isso é alvo de debate até hoje. Quando o corpo de Alan foi encontrado, sua governanta também achou uma maçã meio comida ao lado de sua cama. A versão divulgada no prefácio da edição comemorativa da biografia escrita por sua mãe, Sara, diz que Turing teria tentado simular a cena de *A Branca de Neve* ao se matar injetando cianureto na fruta. No entanto, a própria governanta sabia que era o hábito do matemático comer uma maçã antes de dormir todos os dias – e que, frequentemente, ele não a comia inteira. A polícia sequer chegou a testar a fruta para verificar se ela havia sido contaminada.

Também há outras evidências que descartam a hipótese de suicídio. Testemunhas afirmam que Turing não estava deprimido por aqueles dias, e notas em sua agenda mostravam que ele tinha planos para a semana seguinte inteira. O professor Jack Copeland, da Universidade de Cantebury, especialista na pesquisa de Alan Turing, tem uma outra hipótese: morte acidental. Ele afirma que o matemático tinha cianureto em sua casa porque, como tantos outros (alô, Newton, estamos falando de você!), ele curtia fazer experimentos químicos e, também como tantos antes dele (é, Newton, ainda falando sobre você), não era lá muito cuidadoso com seus métodos. Copeland afirma que seria possível que a própria maçã tenha sido exposta ao cianureto por mero descuido, ou então que Turing possa ter inalado vapores nocivos durante suas sessões de laboratório e que isso teria culminado em sua morte. De qualquer maneira, o infeliz e precoce fim de Alan não foi o fim de suas contribuições para a ciência.

Um dos maiores legados do matemático para o mundo pós-moderno certamente foi o teste de Turing, que impulsionou o avanço de inteligências artificiais. O matemático acreditava que, um dia, as máquinas seriam tão sofisticadas que poderiam enganar um ser humano em uma conversa, se passando por outro ser humano. Não estamos falando de ciborgues nem da aparência das máquinas, mas de *softwares* capazes de gerar respostas inteligentes e adaptáveis às variações de uma conversa. Essas respostas, aliás, nem precisam estar corretas – a ideia não era produzir máquinas que ditassem os 200 primeiros dígitos de pi, mas máquinas capazes de responder como um humano responderia. O teste de Turing fez cientistas de hoje dedicarem suas vidas à construção de inteligências artificiais capazes de trocar uma ideia com naturalidade, como se estivessem na mesa de um boteco.

O próprio matemático chamou essa habilidade de "O Jogo da Imitação", expressão que deu origem ao título do filme indicado ao Oscar no qual Turing é interpretado por Benedict Cumberbatch (vale a pena assistir). Ele alegava que, se uma máquina enganasse um terço dos seus interlocutores fazendo-os pensar que estava conversando com outra pessoa, essa máquina poderia estar "pensando por si mesma". Claro que nem todos concordam com essa definição e, de fato, é de se pensar: será que, se uma máquina programada com uma variedade enorme de respostas a diferentes estímulos é capaz de enganar alguém, significa que ela está pensando por conta própria? Ou é só nossa programação que ficou cada vez mais sofisticada? Isso é um grande debate filosófico que não vem ao caso neste momento, mas o que podemos concluir, com toda a certeza, é que máquinas que passam no teste de Turing são capazes de imitar um ser humano.

Em 1966, apareceu o primeiro *software* que parecia ser capaz de passar no teste de Turing: ELIZA. Essa "mocinha" é considerada o primeiro simulador de conversas da história, um *chatbot* nos termos atuais. A ideia era simular a interação de um psicólogo e seu paciente. Então, se uma pessoa se aproxima de ELIZA e diz "Meu sonho é ser médico", ela encontra palavras-chave dentro dessa frase para criar uma resposta em uma estrutura preestabelecida em sua programação, algo como: "Talvez você devesse seguir seu sonho de ser médico". Não é uma consulta muito útil, mas, na época, ELIZA definitivamente impressionou o público por ser uma máquina que criava respostas em uma conversa. Hoje, robôs como ELIZA são muito comuns por aí – e é bem possível que você já tenha conversado com um deles em um teleatendimento de bancos e operadoras telefônicas (inclusive aqueles que simulam um barulho de digitação em uma tecla). Apesar de serem úteis, pessoas conseguem saber que não estão conversando com um humano.

Desde então, vários *softwares* chegaram às manchetes dos jornais por, supostamente, terem passado no teste de Turing. Um dos mais recentes foi uma inteligência artificial chamada Eugene Goostman, que, em 2014, teria enganado uma banca na Universidade de Reading, em Londres, fazendo os membros acreditarem que eles estavam conversando com um garotinho ucraniano de 13 anos. Mas o pobre Eugene também recebeu críticas: assim como ELIZA, ele também é um *chatbot* (embora bem mais sofisticado), e, por imitar um menino ucraniano falando em inglês, as bizarrices que poderiam aparecer em respostas eram interpretadas apenas como engraçados erros de alguém que não dominava o idioma. Podemos dizer que Eugene estava pensando por si mesmo? Definitivamente, não.

Uma explicação de por que, mesmo hoje, é difícil provar que uma máquina tem noção de sua inteligência – mesmo que ela engane outro ser humano – é o argumento do quarto chinês, popularizado na década de 1980. Segundo o filósofo britânico John Searle, para provar que uma máquina não é capaz de ter uma mente, uma consciência ou a compreensão de uma situação, basta imaginar o seguinte cenário: uma máquina é construída para se comportar como se compreendesse chinês. Como um bom *chatbot*, ela receberia o estímulo por caracteres chineses e responderia a ele com uma série de outros caracteres que fazem sentido com o estímulo recebido. Essa máquina seria tão boa que passaria no teste de Turing, convencendo outras pessoas de que elas estão conversando com um humano.

Searle propôs trancar-se em uma sala com a tal máquina, munido de um maço de papel, lápis, borracha e, o mais importante, uma versão impressa do programa da máquina que fala chinês, que indica exatamente o que responder ao receber cada caractere em chinês. O filósofo receberia, através de uma entrada na porta, uma série de caracteres em chinês, assim como a máquina. Ele olha na versão impressa do programa qual é a resposta apropriada, a copia em um papel e a devolve para seu interlocutor pela entrada da porta. O que ele prova com isso, a não ser que consegue fazer a mesma coisa que a máquina de forma consideravelmente mais demorada? Bom, Searle não fala em chinês. Mesmo assim, é capaz de produzir o mesmo resultado que o programa, usando o mesmo método: procurando a resposta apropriada em uma base de dados que ele recebeu. Assim como Searle não compreende o que está escrevendo, a máquina também não faz ideia. Ela simplesmente responde a estímulos, incapaz de ter consciência do que está dizendo. Até o momento, nenhuma máquina que conhecemos teria sido capaz de passar no teste do quarto chinês.

Mas, acredite se quiser, uma das inteligências artificiais que mais se aproximaram da definição de máquina inteligente de Turing foi uma... bactéria! Em 2017, pesquisadores conseguiram construir bactérias artificiais tão perfeitas que elas enganaram outras bactérias, que acharam que aqueles organismos eram naturais. Como isso foi medido? Bem, as bactérias artificiais foram programadas para responder à presença de outras células liberando um tipo específico de proteína. Ao serem estimuladas por essas proteínas, as bactérias naturais reagiram da mesma forma que reagiriam a um organismo normal. Não parece ser tão impressionante quanto uma máquina capaz de enganar um humano, mas as bactérias artificiais imitaram perfeitamente uma interação de nível celular – e isso por ter uma aplicação gigante no campo da saúde, com tratamentos melhores para infecções bacterianas sendo desenvolvidos. Nem Turing seria capaz de prever como seu teste chegaria longe (apesar de ter parado dentro de um quarto chinês).

♠ CAPÍTULO 9 ♠
A máquina que convertia café em teoremas

O que você fazia com 4 anos de idade? Desenvolvia técnicas novas para tirar meleca do nariz? Era especialista em brigar com seus irmãos? Talvez fosse o maior artista dedicado a desenhar bonequinhos palito do mundo. Pois o húngaro Paul Erdős já estava descobrindo propriedades dos números primos.

Esse interesse precoce por matemática talvez tenha sido sintoma de uma infância complicada. Na época em que Paulinho nasceu, em 1913, o antissemitismo já estava tomando forma na Europa e o pai do nosso amigo, Lajos, acabou capturado por tropas russas, em 1914, e passou seis anos presos na Sibéria. Assustada após a prisão do marido e a morte das suas duas filhas mais velhas, que sucumbiram à escarlatina, a mãe de Erdős o mantinha dentro de casa, tendo contratado um professor particular para ser o tutor do filho. Então, faz sentido que o menino se distraísse com contas e problemas envolvendo números primos misteriosos.

Após seis anos de prisão, Lajos foi liberado e se tornou o responsável pela educação de Paul. Afinal, ele era professor de uma escola. Aparentemente, Lajos fez um bom trabalho, porque, em 1930, o filho conseguiu entrar na universidade apesar das restrições contra judeus no meio acadêmico húngaro. Aos 20 anos, Erdős provou um teorema cabeludo chamado "A desigualdade de Chebyshev", que tem grandes aplicações no estudo das probabilidades. Com 21 anos, conquistou seu doutorado.

Mas, ainda assim, não havia espaço para um gênio judeu na Europa daquela época. Em 1934, Erdős decidiu se mudar para os Estados Unidos, o que acabou se revelando uma decisão sábia, já que muitos de seus parentes, incluindo seu pai, morreram no Holocausto. A mãe de Erdős só sobreviveu porque passou o período da Segunda Guerra escondida.

Nos EUA, Erdős ficou inicialmente baseado na Universidade de Princeton, esquema que não durou muito tempo, já que ele foi considerado muito excêntrico pela administração da instituição. Vamos combinar, a personalidade dele realmente era... diferente. Um homem de poucas posses que doava boa parte de seu salário para estudantes sem grana, ou que oferecia o dinheiro como prêmio para quem resolvesse algum problema cabeludo proposto por ele. Também adotava um vocabulário próprio, referindo-se às crianças como "ípsilons". Mulheres eram as "chefes" que capturavam homens para serem "escravos". Quando um homem se divorciava, ele o chamava de "liberto", como "olha lá um liberto andando pela rua".

Após sair de Princeton, Erdős adotou a forma de vida que manteria até o fim de seus dias. "Pingava" de faculdade em faculdade, conhecendo mentes matemáticas incríveis para desenvolver estudos em conjunto. Dizem que ele chegava na porta de pessoas que considerava interessantes, tocava a campainha e anunciava: "Meu cérebro está aberto", em um convite para uma colaboração acadêmica (e um lugarzinho no sofá da pessoa em questão). Imagine a alegria de uma mulher ao receber um sujeito que a chamava de "chefe" e se referia ao seu marido como "escravo"...

Em uma dessas ocasiões, no ano de 1941, Erdős estava discutindo matemática com outro pesquisador enquanto caminhava por Long Island. Os dois estavam tão absortos em teorias e números que entraram em uma área militar protegida e acabaram presos, acusados de espionagem. No fim, o FBI percebeu que Erdős e seu companheiro eram apenas nerds de marca maior, mas isso não os impediu de serem fichados, o que iria causar problemas para nosso amigo mais tarde.

Em 1950, depois da Segunda Guerra Mundial, o movimento do Macartismo de perseguição a comunistas estava a todo vapor, com o senador McCarthy conduzindo investigações sobre qualquer um minimamente suspeito. E a história de um matemático prodígio estrangeiro fichado pelo FBI por suspeita de espionagem logo chamou a atenção. Erdős foi impedido de permanecer nos Estados Unidos e se mudou para Israel, onde passou dez anos lecionando em universidades enquanto escrevia cartas e mais cartas pedindo para que o governo norte-americano autorizasse seu retorno, o que aconteceu somente em 1963.

Mas isso não significa que ele tenha ficado apenas nos EUA. Erdős viajava de universidade em universidade, tendo passado pelo Reino Unido e Israel, onde encontrava outros matemáticos e se jogava no trabalho. Por gostar muito de trabalhar com outros grandes cérebros, ele acabou escrevendo cerca de 1.500 artigos com outros cientistas. Para conseguir manter essa produtividade maluca, Erdős tinha o hábito de tomar anfetaminas para acelerar seu organismo e diminuir o sono, dormindo apenas cerca de quatro horas por noite. Ele é conhecido, inclusive, pela frase "Um matemático é uma máquina de transformar café em teoremas".

Sua contribuição para a matemática foi tão grande (ele concluiu ao menos 15 doutorados e tornou-se membro oficial das academias de matemática de 8 países) que, após sua morte, em 1996, outros matemáticos criaram o "número de Erdős", uma maneira de calcular os graus de separação do matemático. Sabe aquela história de que qualquer ser humano tem um grau de separação de no máximo 6 níveis no mundo? Ou seja, se você conhece uma pessoa X, seu grau de separação com ela é 1; se você não conhece Y, mas X conhece, seu grau de separação de Y é 2, e assim por diante. O número de Erdős é uma piada interna da matemática para o mesmo conceito, brincando com o fato de o matemático ter trabalhado com muita gente. A média de número de Erdős entre finalistas do Prêmio Fields, considerado o Nobel da matemática, é de apenas 3.

Parte 6

ALIENÍGENAS E CAOS NOS DIAS DE HOJE

Como a matemática está ligada a todos os aspectos de sua vida

♠ CAPÍTULO 1 ♠
Enrolados na teoria das cordas

No capítulo sobre Einstein vimos que uma das coisas que tornaram suas teorias tão revolucionárias foi o fato de ele afirmar que a presença da matéria é capaz de curvar o espaço e o tempo. Atualmente, novas teorias estão usando a matemática para explicar as propriedades do Universo. E, atenção, elas contêm ideias como a existência de dimensões diminutas que, se afetadas, podem exterminar as nossas! Outras afirmam que o espaço e o tempo curvados de Einstein, na verdade, não existem e são só parte de um grande esquema muito mais complicado.

A teoria das cordas (calma, segure o choro, não vamos entrar em detalhes tão complexos) tenta unir a relatividade de Einstein e de outros colegas com a física quântica de Erwin Schrödinger (sim, o "dono" do gato que está vivo e morto ao mesmo tempo) e de Werner Heisenberg (o que originou o apelido de Walter White em *Breaking Bad*). Tanto a relatividade quanto a física quântica, afinal, têm furos. A primeira não consegue explicar o Big Bang nem os buracos negros. A segunda falha em compreender a gravitação. Daí surge esse casamento que, para realizar uma união feliz, estabelece que todas as partículas do Universo seriam formadas por "cordas", mas cordas do tipo bem diferente do que você talvez usasse para brincar quando era criança.

Pense em você, um ser humano vivente, formado por células, as quais são formadas por átomos. Estes, que os gregos antigos consideravam indivisíveis, são constituídos, na verdade, de elétrons, nêutrons e prótons. Prótons e nêutrons, por sua vez, são formados por quarks. E, segundo a teoria das cordas, os quarks são feitos de pequenas cordinhas pulsantes (as cordas que emprestam o nome à teoria). Diferentes vibrações dessas cordas produziriam partículas diferentes, formas diferentes com diferentes propriedades – assim como um violino é capaz de produzir diferentes notas (será que Pitágoras estava adiantado ao buscar a música por trás da matemática como o verdadeiro segredo do Universo?).

Com o perdão do trocadilho repetido, as cordas deram uma verdadeira enrolada no método científico e, por meio da matemática, tornaram exercícios mentais, e não experimentos, em seu produto final. Afinal, ainda não foi possível provar essa teoria, embora pesquisas com aceleradores de partículas estejam sendo feitas nesse sentido. Para você ter ideia, ela trabalha com a ideia de que existem 10 dimensões (sete imperceptíveis pelos seres humanos).

A teoria é tão complexa que não é obra de apenas uma pessoa: começou a ser desenvolvida em 1919, por Theodor Kaluza, como você deve saber se assistiu a algum monólogo de Sheldon sobre sua pesquisa em física teórica em *The Big Bang Theory*, e continua evoluindo. Além disso, passou pelos dois sujeitos citados no começo do capítulo.

Heisenberg era um alemão perfeccionista, considerado pró-nazismo, que chegou a chefiar os estudos para o desenvolvimento de uma bomba atômica germânica. Ridicularizado após o fim da Segunda Guerra, ele fingiu que nada de mais havia acontecido e continuou mergulhado nos estudos. Dizem que, ao sair de férias com o colega Max Born, eles simplesmente acabaram criando a teoria da mecânica matricial, que conseguia substituir equações de movimento criadas por Newton por outras ideias que englobavam descobertas mais recentes.

Apesar do que suas reflexões sobre gatos dentro de caixas que estão vivos e mortos ao mesmo tempo possam sugerir, Schrödinger era muito diferente da clássica imagem de nerd. Ele era um verdadeiro Don Juan, e se gabava de suas conquistas com as mulheres. E quando dizemos se gabava, queremos dizer que se gabava MUITO. Ele afirmou que não houve nenhuma mulher que, depois de ter dormido com ele, "não quisesse passar o resto da vida" com o cientista. Independentemente do resto das moças com quem ele se envolveu, uma coisa sobre

Schrödinger é certa: no ano em que ele desenvolveu sua equação de onda, que culminaria na mecânica ondulatória (a outra parte essencial da física quântica), ele estava saindo com uma mulher. A identidade dessa moça se perdeu na história, infelizmente, mas sabemos que não era sua esposa. O fato é que essa amante misteriosa o teria inspirado durante um período especialmente produtivo, no qual alcançou um enorme progresso científico.

E então entra um terceiro cara na história, o físico inglês Paul Dirac, que provou que as teorias de Schrödinger e de Heisenberg eram equivalentes e as colocou sob o mesmo guarda-chuva: um aparato colorido e confuso chamado mecânica quântica. Dirac, inclusive, tentou colocar a relatividade de Einstein dentro desse grupo, que já estava mais para guarda-sol, mas não foi capaz (inclusive, porque não é possível de ser feito).

Isso, claro, causou a alegria de nosso amigo Einstein, que havia ficado bastante chateado com essa nova teoria quântica que, aparentemente, colocava em xeque algumas de suas próprias ideias. Até porque, na época, ele estava em busca da chamada "Teoria de Tudo", leis que seriam capazes de explicar todos os fenômenos físicos do Universo. E ele achava que poderia fazer isso unindo a relatividade ao eletromagnetismo.

Uma das coisas que mais incomodaram Einstein nessa história de mecânica quântica é que ela negava o determinismo – o preceito de que, se você tem os dados sobre um sistema (e esse sistema pode ser uma bolinha sendo arremessada da torre de Pisa ou o Universo inteiro), você é capaz de calcular e prever eventos futuros. Para a mecânica quântica, isso simplesmente não seria possível. É aí que entra o princípio da incerteza de nosso amigo Heisenberg (o que não produz metanfetamina).

Vamos usar um exemplo grosseiro para analisar isso. Pense no seguinte: você vai até a padaria ou vendinha na esquina da sua casa e pede 100 gramas de presunto para seu lanchinho da tarde. O atendente fatia a peça, pesa as fatias em uma balança encardida e tenta se aproximar dos

100 gramas, adicionando ou removendo fatias do conjunto. É extremamente difícil que, mesmo com essa tentativa de aproximação, as fatias apresentem os 100 gramas exatos – o balconista provavelmente vai perguntar se você se importa com, digamos, 5 gramas extras. Você aceita, considerando aquela uma margem de erro não muito expressiva. Se você decidir levar outro pacote de 100 gramas de presunto para seu vizinho (afinal, que agrado melhor para aquele sujeito que você mal vê e com o qual divide apenas viagens constrangedoras de elevador?), é extremamente improvável que esse outro pacote alcance os exatos 100 gramas, ou até mesmo 105.

Suponhamos que, por uma enorme coincidência, os dois pacotes acusem 100 gramas na balança. Mesmo assim, eles dificilmente terão a mesma massa em uma escala molecular, medida em uma balança mais precisa do que o aparato encardido (e talvez adulterado) da padoca da esquina. Isso porque é literalmente impossível que eles sejam idênticos. Talvez a máquina fatiadora tenha se desregulado no meio do caminho e passado a produzir fatias mais grossas do que no pacote original, talvez exista uma região mais gordurosa (e por isso mais leve) no naco de presunto atingido primeiro etc.

O princípio da incerteza vai um pouco além (e aqui vamos usar um tantinho de números, então se prepare) –, mesmo porque o objeto de estudo aqui é um "pouco" menor do que uma pilha de fatias de presunto. Supondo que você acabe com 105 gramas de presunto no seu lanche e seu vizinho com 103, e que cada porção seja o suficiente para fazer três sanduíches. A diferença é imperceptível na prática. Agora, digamos que estejamos medindo coisas em uma escala "mais atômica", como um elétron que pesa, mais ou menos, 10^{-27} gramas. Uma margem de erro de 5% na medição de suas propriedades, antes considerada aceitável, toma proporções astronômicas em termos microscópicos. Aliando esse erro a uma possível imprecisão no cálculo da velocidade do elétron, isso faz com que seja impossível saber, exatamente, onde o elétron estaria dentro de um átomo. Sabemos que ele está contido dentro de uma área, mas não sabemos exatamente onde ele está em dado momento. Esse é o princípio da incerteza, que faz com que efeitos quânticos possam ser observados em níveis atômicos, mas não na sua pilha de fatias de presunto.

Aplicando a teoria da relatividade e o princípio de incerteza a espaços minúsculos (minúsculos mesmo, como o comprimento de Planck, que é de 10^{-33} cm), cientistas perceberam que os dois princípios não convivem bem nesses ambientes. O que significa que um deles deve estar errado. No entanto, a mecânica quântica não parece estar errada. E a relatividade vem sido testada com sucesso em termos macroscópicos. Segundo o físico Leonard Mlodinow, em seu livro *Janela de Euclides*, talvez a relatividade de Einstein precise ser revisada em termos microscópicos.

De qualquer forma, para além da chateação do Einstein, cientistas começaram a se perguntar qual seria a estrutura do Universo em níveis atômicos. Pensando em como entender esse universo microscópico, Heisenberg criou a teoria da "matriz-S" (S representa *scattering*, do inglês "espalhamento"), desenvolvida depois por outros cientistas. A ideia é acelerar partículas elementares e provocar colisões entre elas. Dessa forma, a partir das colisões, cientistas podem observar que tipo de coisa é arremessada pelas partículas após as batidas e tirar suas conclusões. Em termos (bem) grosseiros, é como se eles analisassem duas criancinhas correndo a toda velocidade por um campo de futebol e se chocando no meio dele, e descobrissem, ao ver um dente voando, que alguma delas deve ter idade aproximada de 6 anos, pois está acontecendo a troca de dentes de leite por permanentes. E, como você deve ter adivinhado, isso é feito em colisores de partículas, como o Grande Colisor de Hádrons.

No fim dos anos 1960, o cientista italiano Gabriele Veneziano percebeu que a chamada *integral de Euler* (lembra dele, o nosso estimado ciclope?) era uma função que descrevia as propriedades matemáticas da matriz-S, ou seja, da interação entre partículas fortes. Mas ninguém sabia exatamente por que essa aplicação funcionava. Até que, nos anos 1970, os físicos Yoichiro Nambu e Holger Nielsen afirmaram que, se as partículas elementares fossem formadas de pequenas cordas unidimensionais que vibram, tudo ficava no lugar em que deveria estar: com a função de Euler explicando a interação entre aquelas partículas.

E se você acha que as coisas já estão meio malucas, espere até ouvir essa: considera-se que essas cordas sejam feitas de NADA. Ao mesmo tempo, todas as coisas, inclusive você, são feitas delas. O que te difere de, digamos, uma batata é a forma com que essas cordinhas vibram. O comprimento delas seria de 10^{-33} cm, o que as tornaria, obviamente, impossível de serem percebidas por nós. E não ache que daqui a alguns anos algum cientista será capaz de detectá-las com um acelerador de partículas: estima-se que um colisor grande o suficiente para apontar sua existência precisaria medir entre a extensão da galáxia e de nosso Universo (essa aproximação deixa o presunto da padaria no chinelo, certo?).

Durante décadas, outros cientistas se dedicaram ao estudo da teoria das cordas, que, em um ponto, chegou a ser considerada cinco teorias diferentes. Até que, em 1995, um cara formado em história (oi, pessoal de "humanas" que acha matemática nada a ver) mudou todo o cenário por meio da matemática: Edward Witten, posteriormente premiado com uma Medalha Fields (o equivalente ao Nobel na matemática). O que ele fez foi reunir todas as cinco teorias das cordas em uma "superteoria", chamada teoria M. Com isso, ele ganhou o *"status"* de Einstein da era contemporânea.

Para Witten, "M" significa "mistério ou mágica", suas palavras preferidas. Talvez "mistério" seja mais apropriado, já que essa nova abordagem é considerada ainda mais cabeluda do que a teoria das cordas original. Em vez de 10 dimensões (o que já é difícil de compreender), Witten afirma haver 11. Além disso, para ele, as cordas não são a partícula fundamental, mas uma classe dessas partículas fundamentais, que ele chama de "branas" (apelido de membranas). Na teoria M, o espaço-tempo também não existe – não do jeito que concebemos. E ninguém sabe que equações podem sair dela.

Para complicar mais a história, vamos trazer dois conhecidos a essa narrativa: Stephen Hawking e seus buracos negros. O gênio morto em 2018 provocou um verdadeiro fenômeno na ciência ao dizer que os buracos negros não são negros de verdade. Isso porque o que os físicos chamam de "negro" é a propriedade que essas estruturas teriam de não deixar escapar luz ou radiação deles. Por meio de cálculos complicadíssimos e usando o princípio da incerteza, nosso amigo Hawking mostrou que o espaço vazio está povoado de pares de partículas e antipartículas que existem brevemente antes de se aniquilarem. Ou seja, não está realmente vazio. Quando uma parte desses pares é sugada para dentro de um buraco negro, o outro par é lançado para o espaço como radiação. Isso, para Hawking, significa que os buracos negros brilham. E também significa que eles teriam uma temperatura diferente de zero, emitindo uma quantidade ínfima de calor. Em 1996, Andrew Strominger e Cumrun Vafa provaram que as branas da teoria M, quando aplicadas aos buracos negros, corroboravam a teoria de Hawking.

Isso significa que a teoria M tem algum fundamento. Mas outras provas mais palpáveis ainda precisam aparecer antes de você encher a boca para chamar seu irmão chato de "conjunto de branas" com propriedade.

♠ CAPÍTULO 2 ♠
A borboleta do efeito e o chimpanzé de Murphy

Até o século passado (o que não parece tão distante assim), cientistas achavam que havia leis precisas e mecânicas que poderiam reger todo o Universo, e que, se para toda ação havia uma reação, esta seria clara e prevista. Mas vamos supor a seguinte situação: você leu o capítulo sobre Galileu, ficou inspirado e resolveu recriar o experimento dele na Torre de Pisa do conforto do seu apartamento. Ao jogar objetos da janela (ação), espera-se que eles caiam no chão, exercendo um impacto no solo, que será devolvido de maneira semelhante (reação). Isso faz sentido, é o previsível, é o que deveria acontecer. Mas nada, absolutamente nada, a não ser o acaso, garante que a bolinha de borracha que você escolheu como cobaia atingirá o solo.

Pode ser que um vento forte a empurre para a sacada do vizinho. Pode ser que um passarinho ache que a bolinha é um gostoso petisco e a pegue antes que ela toque o chão. Pode ser que um careca azarado passe embaixo do seu prédio na hora H e leve uma bolada na cabeça. Acabamos de testemunhar uma aplicação da teoria do caos.

Embora tenha muita gente que se assuste com a palavra caos, na matemática ela não significa desespero, lágrimas, gritaria e apocalipse. Quando um matemático fala sobre o caos, ele fala sobre fatores que não podemos prever. É fácil encontrar aplicações dessa sequência imprevisível em nossas vidas. Digamos que você decida comer uma fatia a mais de pão no café da manhã, o que parece perfeitamente razoável, já que você ainda está com fome e tem tempo antes do trabalho. Isso faz com que você pegue um ônibus não às 8h10, mas sim às 8h20 e, infelizmente, dentro daquele ônibus, um velhinho passa mal e, ao ser atendido, ele atrasa o seu trajeto. Você chega atrasado no trabalho, perde uma reunião, seu chefe fica nervoso e você perde aquele aumento que havia sido prometido desde o início do ano. Quem diria que aquele pãozinho a mais poderia ter um efeito maior do que umas calorias extras?

Ok, ao explicar a teoria do caos dessa maneira descrevemos um cenário que pode soar bastante apocalíptico para uma vida humana simples. Pois escute só o que Edward Lorenz, um dos principais nomes dessa teoria, usou para explicá-la: o chamado "efeito borboleta", sobre o qual você já deve ter ouvido falar. Segundo ele, o bater de asas de uma borboleta no Brasil (olha nós aqui!) poderia causar um furacão no Texas.

A história que ele formulou é a seguinte: uma menina brasileira brinca de bola quando se surpreende com uma borboleta, deixando a bola cair. A bola rola até uma rua e a menina vai atrás do brinquedo. Virando a rua está um caminhão carregado de sal. O motorista desvia da garotinha para não a atropelar, fazendo o veículo tombar e pegar fogo. Todo o sal na caçamba do caminhão é queimado, liberando partículas de cloreto de sódio que sobem até as nuvens. As nuvens carregadas vão até o Texas e ficam cada vez maiores, atraindo partículas de água, que começam a cair na forma de uma chuva pesadíssima. A borboleta acabou causando uma alteração climática violenta.

Lorenz não tirou essa ideia do nada. Ele estava construindo um modelo matemático para entender como o ar se movia pelo mundo para, dessa forma, tentar fazer previsões meteorológicas melhores. Mas ele logo percebeu que as massas de ar não se moviam pela atmosfera seguindo padrões muito lógicos e que pequenas variações poderiam gerar resultados extremamente diferentes. A conclusão de seu estudo, batizado de *Fluxo determinístico não periódico*, publicado em 1963, é que "dois estados que diferem em quantidades imperceptíveis podem evoluir e alcançar estados completamente diferentes. Se existem erros na observação dos estados presentes (e os erros parecem ser inevitáveis em sistemas reais) uma previsão do estado instantâneo no futuro distante pode ser impossível".

Com isso, ele não estava simplesmente dando uma desculpa para os erros de meteorologistas, mas criando as fundações para o que chamamos de teoria do caos. A ideia em si não é exatamente original. Henri Poincaré, no século XIX, descobriu existirem órbitas que podem não ser periódicas, por exemplo. Mas Lorenz foi o primeiro a usar essas relações de causalidade de uma forma mais ampla.

A teoria do caos passou a ser aplicada em sistemas que podem ser previstos por um determinado tempo e, depois, aparentemente se tornam caóticos. As previsões meteorológicas são o exemplo óbvio, mas até o Sistema Solar pode ser considerado um sistema caótico, já que seu comportamento pode ser previsto por alguns milhões de anos, mas não para além deles. Foi graças a essa teoria que tivemos avanços em alguns tipos de estudos de previsão, como na economia, na antropologia e até mesmo na psicologia –, e, com o advento dos algoritmos, a lógica por trás do caos se torna cada vez mais aplicável.

Vale um adendo: enquanto a teoria do caos implica, muitas vezes, aceitar que cenários não tão favoráveis aos nossos objetivos podem acontecer, ela não tem absolutamente nada a ver com a lei de Murphy que tanto gostamos de citar quando as coisas não vão bem. Enquanto aceitar o caos é aceitar que as condições têm uma sensibilidade maior do que nós podemos entender, a lei de Murphy tem pouca coisa de matemática e é mais fundamentada em uma das maiores instituições da humanidade: o pessimismo. O ditado que a define é "se algo puder dar errado, dará errado".

A história dessa expressão é deveras interessante, na verdade. Apesar de variações dela serem conhecidas muito antes, acredita-se que a versão oficial surgiu por causa de um sujeito chamado Edward Murphy Jr. (1918-1990), um engenheiro aeroespacial da década de 1950, no *boom* tecnológico do pós-guerra americano. Edward estava trabalhando com um sistema para medir o possível impacto em pilotos humanos na desaceleração da força G, para entender como o corpo se comporta com a reentrada de um veículo espacial na atmosfera. Para isso, eles estavam usando um mecanismo sobre trilhos de trem, de forma a simular a força G, e um chimpanzé "astronauta" de cobaia. O chimpanzé era equipado com uma série de sensores para que os possíveis impactos em seu corpo fossem medidos.

Eis que o assistente de Murphy e o próprio Murphy começam a preparar tudo para o experimento. O pobre primata é posicionado, começa a girar sobre os trilhos e... o equipamento não captura nenhuma leitura sobre os impactos em seu corpo. O teste foi parado e Murphy constatou que todos os cabos que ligavam os sensores estavam colocados de forma invertida. O cientista ficou pistola e, supostamente, teria culpado o assistente dizendo que "se algo que ele fizer puder der errado, então vai dar errado". A frase teria sido repetida em uma entrevista coletiva para a imprensa e, desde então, adaptada para tirar o papel do pobre assistente da história e repetida cada vez que alguém percebe que a pessoa na sua frente na fila do caixa vai pagar todos os boletos que já recebeu na vida.

No entanto, nem toda aplicação da lei de Murphy é completamente destituída de significado matemático. A questão da torrada que sempre cai do lado besuntado com alguma coisa (manteiga, creme de avelã, geleia, enfim, todas aquelas melecas que você odeia limpar) para baixo, por exemplo. Um físico chamado Robert Matthews chegou a publicar um artigo na revista *Scientific American* explicando que isso é uma questão física, já que uma torrada que cai da altura de uma mesa, por exemplo, não tem tempo de fazer uma volta completa no ar. Ou seja, é mais comum, matematicamente, que ela caia com o lado que estava para cima... para baixo.

Outra maravilhosa análise de Matthews diz respeito à aplicação da lei de Murphy na nossa facilidade em perder pés de meia. Quantos pés avulsos de meia existem em sua gaveta neste momento? Por que é tão fácil perder só um deles? Para mostrar a parte científica dessa triste realidade, ele usa análise combinatória. Você perde um pé de um par de meias. Dificilmente você irá usá-lo novamente (mas, se for usar, não estamos julgando). Então, é mais provável que a próxima meia que você vai perder seja de um outro par. Suponhamos que, de início, você tenha 30 pares de meia. Ao perder o um pé de um deles, você passará a ter 29. Portanto, a chance de uma perda, que é 1 em 30, aumenta para 1 em 29. Vale ressaltar que Matthews foi premiado com um IgNobel, uma espécie de paródia do prêmio Nobel, que destaca as pesquisas mais estranhas do ano.

Na maioria das vezes em que suspiramos "lei de Murphy", só podemos culpar a nossa falta de análise da situação mesmo. Se você acha que é especialmente azarado, se seu pé costuma encontrar cocôs de cachorro na rua com uma grande frequência, se o pedaço mais gostoso da comida que você estava guardando para a última mordida costuma cair no chão... não culpe Murphy, esse engenheiro irritadinho. É mais provável que você não esteja considerando algumas microvariáveis para minimizar o efeito do caos.

♠ CAPÍTULO 3 ♠
O demônio dentro de um floco de neve

Uma das aplicações mais belas da teoria do caos (e que talvez tenha resultado nas imagens mais belas da matemática) são os fractais. Nos anos 1970, o polonês Benoît Mandelbrot (1924- -2010) percebeu que as equações usadas por Lorenz na formulação da teoria do caos coincidiam com seus cálculos sobre fractais, figuras geométricas não euclidianas (ou seja, não previstas na geometria clássica) que podem ser quebradas de forma a produzir versões menores do objeto original. É daí que vem seu nome: *fractus*, "quebra" em latim. Essa habilidade é chamada de autossimilaridade – cópias exatas da primeira versão são encontradas dentro dela, em uma escala menor. Ou seja, se dermos *zoom* em uma forma geométrica euclidiana, como um círculo, por exemplo, ele vai se assemelhar cada vez mais a uma reta com a aproximação. Isso não acontece com os fractais, que vão apenas oferecendo cópias de si mesmo em menor escala, sem parecer outra coisa que não a forma original.

Ok, faz sentido que imagens tão psicodélicas tenham surgido nos anos 1970, por causa do advento da computação, mas qual é a aplicação prática de algo assim? Ao perceber que os fractais podem ser regidos pela teoria do caos, é possível usá-los para prever sistemas caóticos do nosso mundo, como o fluxo de fluidos, a difusão de drogas pelo corpo humano, a vibração de asas de aviões e até mesmo sistemas vasculares.

Antes de Mandelbrot categorizá-los, esses objetos já haviam sido previstos. Em 1872, o matemático alemão Karl Weierstrass (1815-1897) encontrou uma função contínua, ou seja, que não é derivável em nenhum ponto e que também não é diferenciável (o gráfico dessa função é apresentado como um fractal). O sueco Helge von Koch (1870-1924) ficou com a pulga atrás da orelha e criou uma variação da função de

Weierstrass. Para expressá-la, desenhou uma reta e, sob ela, posicionou a base de um triângulo equilátero, tendo como resultado uma depressão na reta e uma divisão em quatro segmentos. O mesmo método de desenho feito na reta anterior deve ser, então, aplicado em cada um dos quatro trechos de reta (isso é chamado de iteração). E, depois, nos 16 resultantes dessa segunda operação. Assim, os desenhos são obtidos sempre ao se multiplicar o número de retas atuais por 4.

Com esse desenho percebemos que o comprimento total da reta inicial acaba aumentando por conta de todos os desvios, tendendo para o infinito, como todos os fractais. Essa versão depois foi transformada por Von Koch em um fractal que não se inicia em uma reta, e sim em um triângulo equilátero independente, cujos lados vão se quebrando no mesmo espaço, mas tendendo para o infinito. O triângulo ficou conhecido, posteriormente, como o Floco de Neve de Koch, por sua semelhança e beleza.

Enquanto o Floco de Neve de Koch tende para o infinito, há fractais que vão na direção contrária. Um deles é o chamado Tapete de Sierpinski e ele se aproxima do zero, sem nunca de fato chegar lá. Tudo começa com um quadrado. A área desse quadrado é dividida igualmente, então em 9 quadrados, criando um quadrado 3x3. O quadrado do meio é, então, removido. Depois, o mesmo processo é repetido dentro das oito áreas ao redor da área removida. São oito quadrados 3x3 que perdem seu centro. Em uma nova interação, esses quadradinhos ainda menores e recém-criados são divididos novamente. Com uma repetição infinita de iterações, a área do quadrado inicial vai se aproximando cada vez mais do zero.

Na época em que apareceram, os fractais eram chamados de demônios (dá para entender o motivo, né?). Eles eram belos, sim, e muito curiosos, mas não tinham valor científico aparente. Porém, esses monstros podem ser encontrados na natureza. Um brócolis romanesco é um exemplo de um quase fractal perfeito (dizemos "quase", pois eles são finitos), assim como nuvens. Os fractais perfeitos são os gerados por computadores, usados, entre outras coisas e para a alegria de Lorenz, em previsões meteorológicas.

♠ CAPÍTULO 4 ♦
O Unabomber

Você talvez já tenha ouvido falar de Theodore Kaczynski, um terrorista americano que, entre 1978 e 1995, foi responsável pela detonação de 16 bombas nos EUA, todas enviadas pelo correio e endereçadas a cientistas e acadêmicos. Os ataques mataram 3 pessoas e feriram mais de 20. Julgado em 1996, Theodore está atrás das grades desde então, cumprindo 8 sentenças de prisão perpétua. Mas você sabia que ele também é um brilhante matemático?

Theodore nasceu em 1942, em uma família humilde e de origem polonesa, em Chicago. Desde seus primeiros anos de idade, sua vida não foi muito convencional. Ainda bebê, ele desenvolveu uma violenta urticária, que fez ele ficar isolado em um hospital, sendo examinado por médicos constantemente. A mãe de Ted afirma que, antes de passar por essa experiência, ele era uma criança mais feliz. Depois do isolamento, teria ficado fechado e introspectivo, dificilmente demonstrando emoções.

Dá para perceber que desde a infância o cara não era muito comum, certo? Pois quando ele entrou na escola e passou para o ensino fundamental, as coisas ficaram ainda mais estranhas. Ele acabou sendo submetido a um teste de QI, que apontou sua enorme inteligência: 167 pontos (o valor médio é 100). Impressionados, seus professores propuseram que ele avançasse um ano, pulando o sétimo ano. Agora imagine você o que acontece com um aluno extremamente introvertido e nerd que começa a estudar com adolescentes mais velhos naquelas escolas tipicamente americanas? Pois é, você acertou: *bullying*.

Durante seus anos na escola, Ted realmente tentou se encaixar: participava da banda tocando trombone e até era membro do grupo de matemática, mas não fazia amigos com facilidade. Seu passatempo, como o de muitos outros jovens que também aparecem na história da matemática, era devorar livros e passar horas resolvendo problemas e enigmas. E ele era tão mais avançado e aplicado que o resto dos seus colegas (apesar de ter pulado um ano da escola) que se formou no ensino médio com apenas 15 anos. Com 16, recebeu uma bolsa para estudar na Universidade Harvard.

Mas, enquanto sua cabeça era a de um genial matemático, suas emoções ainda eram as de um adolescente vítima de *bullying*. Kaczynski evitava o contato com a maioria de seus colegas, e quem conviveu com ele na universidade afirma que só o via saindo de seu dormitório para as aulas. Para piorar, ele participou de um estudo psicológico conduzido pelo professor Henry Murray, que pode ter contribuído para, posteriormente, Kaczynski desenvolver sua raiva por cientistas e avanços tecnológicos – a causa por trás do envio de bombas para acadêmicos e pesquisadores.

Murray havia trabalhado na CIA durante a Segunda Guerra Mundial como responsável pelo projeto MKULTRA, acusado de usar cobaias humanas em experimentos de análise psicológica e, dizem, lavagem cerebral. Durante o projeto, cientistas chegaram até a usar drogas como mescalina e LSD nas cobaias. Em Harvard, Murray continuou com sua linha de estudos no mesmo tema – embora, até onde se sabe, sem o uso dessas substâncias.

O experimento do qual Ted e outros 21 alunos participaram tinha como objetivo analisar como pessoas reagem diante de situações estressantes. Na preparação, cada um dos voluntários deveria escrever uma redação explicando quais eram seus sonhos e crenças, achando que aquele material seria usado em uma discussão sobre filosofia. Mas, depois, um advogado leria a carta e usaria tudo aquilo que foi escrito para zombar de forma veemente, com um discurso violento, de seu autor. Você pode até achar que uma pessoa estranha falando umas bobagens não é capaz de produzir um dano psicológico tão grande assim. Mas

Ted participou de experiências assim por três anos, era muito jovem e já tinha um histórico de problemas para se relacionar.

Lógico que sofrer nas mãos de um cientista não era tudo o que o jovem fazia na universidade. Ele foi ficando cada vez mais interessado em matemática e acabou se especializando em análise de funções complexas. Seu trabalho e genialidade lhe renderam uma bolsa na Universidade de Michigan, onde ele obteve seus títulos de mestrado e doutorado. Seu intelecto, como sempre, era admirado por seus colegas e professores, e dizem que pouquíssimos conseguem compreender sua dissertação publicada em 1967 – simplesmente por falta de repertório matemático.

A carreira acadêmica de Ted ia de vento em popa. Seu sucesso havia lhe rendido uma posição como professor na Universidade da Califórnia, em Berkeley. Ele tinha apenas 25 anos e era o professor mais jovem a assumir uma cátedra na faculdade de matemática da instituição. Mas dizem que não era muito didático, suas aulas consistiam em ler o conteúdo diretamente dos livros de base. Caso alguém fizesse uma pergunta, ele se recusava a respondê-la. No ano de 1969, ele pediu demissão e se isolou da sociedade.

Depois de uma temporada na casa dos pais, o rapaz foi morar em uma cabana em Lincoln, sem água corrente nem eletricidade. Enquanto você pode achar extremamente inconveniente morar em um lugar sem descarga ou conexão de internet para garantir pelo menos as séries da Netflix, esse ambiente era justamente o que Ted queria. Ele havia desenvolvido uma fobia de tecnologia, abominava tudo o que era considerado cientificamente avançado, encarando a dependência humana desses aparelhos como algo que estava contaminando a sociedade. Sua ideia era tornar-se independente, caçar e plantar seu próprio alimento, ler livros e andar de bicicleta.

No entanto, sua vida de ermitão estava ameaçada por projetos imobiliários que estavam devastando a área florestal próxima de onde ele vivia. Revoltado e alimentado pelas ideias contidas nos livros de Jacques Ellul, um filósofo anarquista francês, Kaczynski começou a sabotar essas construções e indústrias próximas, não com bombas (ainda), mas roubando e quebrando equipamento desses locais. Ele concordava com Ellul, que dizia que, para os humanos, a tecnologia não era mais o meio para se alcançar algo, e sim o objetivo final. O sistema, segundo ele, estava a serviço da tecnologia, e esse sistema era um sinal de conformismo humano. Por meio dos avanços tecnológicos e da publicidade, os homens eram transformados em máquinas para servir esse mecanismo da sociedade.

Ao constatar que suas formas mais pacíficas de protesto não impediram o avanço habitacional de sua região, Ted resolveu que era hora de partir para técnicas mais violentas e começou a desenvolver explosivos.

O primeiro ataque aconteceu no dia 26 de maio de 1978, quando um de seus explosivos machucou Terry Marker, o segurança da Universidade de Northwestern. O pacote tinha como endereço de remetente Buckley Crist, um professor de Engenharia da própria Northwestern, e havia sido devolvido a ele pelo correio por ser considerado suspeito. Crist, que sabia que ele não havia enviado pacote algum, sabiamente ficou preocupado e chamou os seguranças do *campus*. Terry, inocentemente, abriu o explosivo, que detonou e machucou sua mão esquerda.

Enquanto o primeiro explosivo não causou um dano tão extenso (a não ser na mão do pobre Terry), as bombas seguintes começaram a ficar mais sofisticadas. Em 1979, uma bomba foi colocada em um avião da American Airlines. Por sorte, o explosivo apresentou um defeito na hora de detonar, mas começou a soltar fumaça. Com o alarme de incêndio ativado, os pilotos do voo fizeram um pouso de emergência e autoridades encontraram o dispositivo a bordo da aeronave. Segundo investigações, o explosivo poderia ter pulverizado o avião, caso tivesse funcionado corretamente. Como atacar uma aeronave é considerado um crime federal, o FBI foi envolvido nas investigações. Nesse momento, nascia o Unabomber. O apelido para o terrorista foi dado pelo FBI por conta da escolha das vítimas de ataques – todas associadas com universidades ("UN") ou linhas aéreas (do inglês, *airlines* – "A"), instituições que eram, na opinião do matemático, essencialmente ligadas ao domínio tecnológico.

No total, 16 bombas são atribuídas a Kaczynski, enviadas entre 1978 e 1995. Ele demorou para ser encontrado porque todos os explosivos vinham acompanhados de pistas falsas. Selos de outras regiões, iniciais que não eram deles e, curiosamente, pedaços de madeira. Acredita-se que Ted tentou criar um tema para seus ataques, deixando claro que eles eram motivados pela defesa da natureza. Além desses restos de troncos de árvore, ele também endereçou alguns de seus pacotes a pessoas com o sobrenome "Wood" (madeira ou bosque, em inglês).

Seus ataques mortais foram em uma loja de computadores, em 1985, que culminou na morte do dono do estabelecimento, e outro em 1994, quando matou um executivo de uma empresa de comunicação enviando explosivos para a casa da vítima. Em 1995, um novo ataque teve como vítima o presidente de um grupo de *lobby* da indústria madeireira.

Após esse ataque, Ted resolveu publicar um manifesto anônimo, deixando claras as suas intenções com os bombardeios e seus alvos. O texto, intitulado *A sociedade industrial e seu futuro*, foi enviado ao *New York Times* e ao *Washington Post*, estimulando o FBI a oferecer 1 milhão de dólares para quem conseguisse identificar o Unabomber. Como você pode imaginar, milhares de pessoas ligaram para o FBI tentando conseguir o "prêmio". Mas só uma delas tinha informações concretas e corretas: o irmão de Ted, David.

David tinha suas suspeitas sobre o irmão havia um tempo. Mas quando *A sociedade industrial e seu futuro* foi publicado, ele reconheceu o estilo de escrita e as ideias de Ted. Incentivado pela esposa, ele denunciou o próprio irmão. Em 1996, o FBI comparou as escritas de manuscritos de Theodore com o manifesto do Unabomber e concluiu que eles haviam descoberto o terrorista.

Agentes foram até a cabana de Ted em Lincoln e encontraram materiais para fazer explosivos, anotações sobre experimentos com bombas e até uma bomba prontinha, no jeito para ser enviada. Ao receber o prêmio de 1 milhão por ter entregado o irmão, David afirmou que o dinheiro iria para os feridos e para as famílias dos mortos nos ataques do Unabomber.

Preso, Kaczynski tentou cometer suicídio, mas foi impedido por guardas. Exames psicológicos posteriores indicaram que ele sofre de esquizofrenia, embora existam vários outros diagnósticos que atestam uma saúde mental perfeita. Quando foi a julgamento, Ted se declarou culpado, evitando assim a chance de ser condenado à pena de morte. No livro *A Mind For Murder* (sem publicação no Brasil), Alston Chase descreve Theodore como resultado do mal moderno, que leva o indivíduo a cometer atos de violência justamente pela vaidade de seu enorme intelecto. O Unabomber foi capaz de colocar ideias que ele julgava brilhantes acima da humanidade.

Dizem que a área da biblioteca da Universidade de Michigan que abriga os escritos de Theodore sobre matemática e outros ensaios é uma das partes mais concorridas do local. E, falando em universidades, quando Ted recebeu o convite para participar da reunião de 50 anos de sua turma de graduação em Harvard, ele respondeu "preso" no campo da ficha de inscrição que perguntava sua ocupação. Na área destinada à lista de prêmios, ele teria colocado "oito condenações à prisão perpétua". Pelo visto, a prisão não tirou o humor do cara.

♠ CAPÍTULO 5 ♠
Como achar amor ou *aliens* usando matemática

Um dos fenômenos recentes televisivos que mais me chamam a atenção na era dos *reality shows* são os programas de relacionamentos da MTV. Antigamente, o canal se dedicava à transmissão de videoclipes, mas agora são altas as chances de que você encontre imagens de jovens bêbados brigando, paquerando ou chegando aos "finalmentes". Enquanto não precisamos ser especialmente versados em álgebra para saber que o resultado da equação "ex-namorados + confinamento em uma casa com outros solteiros + quantidades praticamente ilimitadas de álcool = treta", como acontece no *De férias com o ex*, as probabilidades de outro *reality show*, o *Are You the One?*, são mais interessantes matematicamente.

A premissa é do programa é: 20 pessoas solteiras (10 homens e 10 mulheres) são convidadas a passar um tempo em uma casa para "se conhecer". Previamente, a produção do programa determina casais de "pares ideais" de acordo com o que os candidatos dizem buscar em um "mozão": ama cachorros? Curte academia? Assiste *Game of Thrones*? Etc. Então, dos 10 membros do grupo do sexo oposto, só 1 seria seu amor ideal. A tarefa é descobrir não apenas o próprio par durante as dez semanas de duração do programa, mas fazer com que todos na casa encontrem a combinação certa. O prêmio, além de um possível *crush* novo, é um valor em dinheiro (que, na última temporada brasileira, foi de 500 mil reais).

Durante o programa, acontecem dois eventos na semana. O primeiro é a cabine da verdade: os participantes da casa elegem um rapaz e uma moça que eles acham ser um par ideal para enviar para a cabine. Lá, a produção revela (com a ajuda de efeitos de luz breguíssimos e maravilhosos) se eles são, ou não, um par. Caso eles realmente sejam um par ideal, eles saem da casa para uma lua de mel e facilitam a descoberta dos outros pares ideais. Caso dê errado, eles voltam para a casa e participam, com os outros, do segundo evento: a cerimônia dos "feixes de luz". Basicamente, as pessoas precisam sentar ao lado do(a) candidato(a) que eles acreditam ser o seu par ideal.

Escolhidos os pares, a produção acende um número de holofotes correspondentes ao número de casais definidos corretamente. Mas aí que está a pegadinha: não são revelados quais são os casais ideais, apenas quantos foram formados. Por isso, a cabine da verdade é tão importante: é o único jeito de saber, com certeza, se um par é ideal (e diminuir a quantidade de casais que entram na conta da cerimônia das luzes). Se, ao fim de dez semanas, o pessoal não conseguir encontrar as dez duplas certas, ninguém ganha o prêmio.

As chances de encontrar um par ideal se resumem a um sistema de combinação que não é difícil de calcular. São 10 moças e 10 rapazes, incialmente. A primeira moça escolhe um rapaz, o que diminui a quantidade de opções da segunda moça para 9, da terceira para 8 etc. As combinações possíveis podem ser descritas por um fatorial de 10 (ou 10!), que multiplicam o primeiro número (no caso 10) por seu antecessor (9), e o produto (90) pelo antecessor de 9 (8), e por aí vai até chegar ao número 1. O número de combinações possíveis entre os casais do programa é 3.628.800. Com a progressão dos episódios, claro, as chances vão ficando mais favoráveis. Se, por exemplo, eles conseguirem determinar 5 pares ideais antes do fim do programa, as combinações possíveis diminuem para 120. Com um pouco de conhecimento de causa e a ajuda dos feixes de luz, a missão fica menos impossível.

Um sujeito chamado Sebastian Gisler, da Universidade de Friburgo, na Suíça, indicou que a probabilidade de os participantes encontrarem o par ideal por meio apenas da lógica matemática e de combinações aleatórias (ou seja, levando em conta apenas os números) seria de só 2% após as dez semanas de programa. Lógico que os processos do coração humano e as próprias regras do programa facilitam a vida dos participantes.

No mundo da matemática, que é povoado de nerds carentes, o *Are You the One?* não foi a primeira tentativa de usar matemática para encontrar o amor.

Em 2010, um cara chamado Peter Backus, da Universidade de Warwick, descobriu que é mais fácil encontrar um *alien* do que uma alma gêmea (pelo menos, se você é um solteirão em Londres). Para isso, ele usou uma adaptação da equação de Drake, criada para estimar as chances de se conhecer uma civilização extraterrestre.

No uso original, determinamos características necessárias à existência de vida, nossas limitações tecnológicas e físicas para alcançar os ETs e aplicamos essas características ao que conhecemos do Universo. Como há muitas variáveis, o resultado é que, na Via Láctea, podem existir de 1.000 a 100 milhões de civilizações alienígenas. No caso de Backus, ele usou o mesmo método e determinou uma série de características que considera atraentes e necessárias em uma namorada (faixa etária, interesses etc.) e suas limitações físicas (distância de sua casa). Ele chegou a um valor de 10,5 mil mulheres. Nada mal, certo? Porém, ele precisou fazer algumas reduções. A primeira foi com moças já comprometidas, e a segunda, claro, com quantas simplesmente não se interessariam por ele (19 a cada 20, segundo suas estimativas). O resultado? A chance de ele encontrar a moça ideal em uma ida ao barzinho é 1 em 285 mil – menor do que a de se deparar com um *alien*.

Supondo que você esteja em uma busca parecida e encontre uma moça ou um rapaz interessante, como saber se ela ou ele é seu par ideal, e não apenas alguém bacana que não vai funcionar com você? As pessoas, infelizmente, têm a mania de sair de casa sem uma camiseta que diz "Olá – insira aqui seu nome –, eu sou sua metade da laranja". Matemáticos também pensaram nisso. Nos anos 1950, o americano Merrill Flood criou o chamado "problema da secretária", que, depois, foi adaptado para a análise de relacionamentos.

A ideia é a seguinte: você precisa contratar uma secretária e vai entrevistar algumas candidatas para o cargo. A primeira candidata parece competente, mas talvez a segunda seja melhor. Só que se você dispensar a primeira candidata, não poderá chamá-la de volta. Será que vale a pena arriscar perder uma candidata que faria o trabalho de forma correta, mas não de forma brilhante, para chamar outra pessoa que pode ser pior do que a primeira, ou, se tudo der certo, muito melhor? O dilema é: vale a pena trocar o certo pelo duvidoso, se o duvidoso tem potencial de ser melhor do que o certo?

Pode parecer bizarro, mas essa lógica pode ser adaptada para a busca por um relacionamento. Suponhamos que um moço chamado Pitágoras (por que não? Ele pode ter superado seu medo de feijões!) queira encontrar o amor de sua vida. Então, ele começa a namorar uma moça chamada Astrogilda. Tudo está tranquilo, o relacionamento está bacana, mas Pitágoras começa a sentir falta de uma chama mais ardente de paixão. É aí que ele conhece Filomena, uma mulher bonita e interessante, mas sobre quem ele não sabe muita coisa. Pitágoras, sendo um matemático cabeçudo, começa a se perguntar friamente se vale a pena terminar o namoro com Astrogilda, que vai bem, para se arriscar com Filomena – o que pode resultar em um relacionamento melhor ou pior. Será que Pitágoras deve namorar Filomena e, depois, tentar a sorte com a Jacinta, que também parece bacana? Quando é a hora para parar de procurar? Como garantir que a candidata atual é a melhor possível?

A resposta é que nunca teremos certeza de que não existe alguém melhor para você por aí. Mas é possível saber a melhor hora de parar. De acordo com o estatístico Dennis Lindley, a estratégia mais correta, sob uma perspectiva matemática e objetiva, é passar por 37% de suas opções e escolher, a partir desse ponto, o candidato que supera os demais. Então, suponhamos que Pitágoras estime ser possível namorar dez pessoas até ele atingir uma idade em que não estará mais disposto a procurar uma pretendente. Ele namora Astrogilda, Filomena e Jacinta, em sequência. Aparece uma mulher chamada Rodolfa e o relacionamento é horrível, então ele segue em frente. Quando conhece Carlota, a quinta candidata, que ele julga ser um par mais compatível do que todas as outras que vieram antes, ele para de procurar. Pode ser que a sexta candidata fosse ainda melhor para ele, mas, matematicamente falando, a partir desse ponto o risco não vale mais a pena de se correr. Esse método faz com que exista, sim, a chance de que você tenha terminado o namoro com alguém maravilhoso ou que seu par ideal ainda fosse aparecer, mas é uma maneira estatisticamente comprovada de que você acabará com alguém melhor do que a média.

Se você estiver solteiro, pode testar um método mais prático possibilitado pela nossa vida moderna. No Tinder, que tal eliminar os 37% primeiros candidatos que falarem com você e sair em um *date* com a primeira pessoa mais bacana do que os outros que aparecer? Que fique claro que não nos responsabilizamos pelo seu critério de quem é bacana ou não.

Falando em relacionamentos modernos, um caso interessante de aplicação matemática na vida amorosa é o que faz Amy Webb, que ensina previsão estratégica na Stern School of Business de Nova York. Amy, que lida muito com estatísticas em seu trabalho, compartilhou em um *TED Talk* os segredos nerds de sua vida amorosa, que são fascinantes. Aos 30 anos ela ficou solteira e começou a sentir aquela nada sutil pressão familiar sobre quando iria se casar e ter filhos. Ela mesma passou a se pressionar. Amando dados e números, não pensou duas vezes em começar a fazer contas.

A ideia dela era começar a ter filhos com 35 anos. Ela estava com 30 e estimava que precisaria de, no mínimo, seis meses de namoro após conhecer um cara bacana até eles morarem juntos, mais alguns anos para ficarem noivos e mais um tempo até os filhos chegarem. Ou seja, Amy não poderia gastar um tempo com alguém que ela descobriria, depois de meses ou anos, que era pior do que seus 37% iniciais. O que ela fez? Começou a calcular a probabilidade de encontrar sua alma gêmea, assim como nosso amigo Peter Backus, inserindo, nos cálculos, os traços que desejava em seu futuro marido.

E, assim como no caso de Backus, Amy descobriu que as chances de encontrar sua metade da laranja simplesmente em barzinhos e saídas com amigos não eram boas. Precisamente, 0,0046%. Então, tentou o que uma pessoa moderna tentaria: encontrar esses caras que poderiam ser bacanas para ela em um site de namoro, afinal, confiava nos algoritmos que, dizem, são capazes de combinar você com outra pessoa.

Mas o negócio não deu muito certo. Os encontros eram tão horríveis que ela começou a analisar dados dos encontros que fossem capazes de prever o quão terrível eles seriam. Então, percebeu o problema: não é que os algoritmos do site não funcionavam, eram os dados coletados pelo questionário que os membros precisam preencher e que, depois, são analisados pelo algoritmo que faz as combinações que eram inúteis. As perguntas superficiais, como "você gosta mais de cachorros ou de gatos?", não importam e poucas pessoas são honestas quando respondem a questões mais profundas (não, seu maior defeito não é o perfeccionismo, cara). Com isso em mente, Amy criou seu próprio algoritmo – um sistema manual de pontos que ela usava com os caras que a contatavam. Se o candidato queria ter filhos, ganhava pontos. Se não respondia às mensagens em um tempo apropriado, perdia pontos etc. Para ela sair com um sujeito e considerar um relacionamento com ele, o rapaz precisava atingir uma quantidade mínima de pontos.

E tinha mais uma coisa que Amy não havia considerado: o seu próprio perfil. Será que ela estava se apresentando da melhor forma para o tipo de candidato que ela gostaria de atrair? Nossa amiga fez o que qualquer um faria: criou uma série de perfis masculinos falsos para entender como as garotas mais populares do site se comportavam com eles. Com isso, juntou uma série de dados para construir um superperfil atraente e chamar a atenção de mais caras.

O resultado? Hoje ela está casada com um homem que conheceu por meio do seu próprio sistema – e já tem uma filhinha. Nem sempre a matemática do amor precisa ser desanimadora ou assustadora, certo? Basta ter a coragem de criar uma série de *fakes* e ser extremamente honesto consigo mesmo sobre o que você busca em um parceiro.

Caso você seja como Amy e já tenha conhecido seu mozão (talvez sem precisar de matemática), segue um truquezinho nerd para você arrancar suspiros. Considere a fofura da equação abaixo, cujo objetivo é descobrir o valor de *x* e na qual todas as outras letras são números reais e positivos:

$ax + ate = a^2mo$

Para solucionar a equação, temos que isolar o *x*. Então...

$ax = a^2mo - ate$

$x = \dfrac{a^2mo - ate}{a}$

$x = amo - te$

De nada!

♠ **CAPÍTULO 6** ♠
O mundo é matemática

Nossos relacionamentos e, por consequência, a reprodução da nossa espécie são, em muitos casos hoje, resultados de algoritmos que nos combinam por meio de redes sociais ou aplicativos especializados em namoro. Nossas escolhas e destinos, como já vimos, poderiam ser fruto de uma cadeia de eventos imprevisível, o caos puro. Sendo assim, uma teoria que afirme que todo o nosso Universo é matemática não parece ter fundamento apenas dentro de uma obra de ficção científica, como *Matrix*, que é uma mistura perfeita da teoria do gênio maligno de Descartes com noções mais avançadas do que a do matemático francês sobre a capacidade de inteligências artificiais. Ousamos dizer que, na verdade, ela soa extremamente plausível, tanto que há uma boa literatura científica sobre ela.

Em 2007, o cosmólogo Max Tegmark, de Cambrige, publicou um artigo sobre a Hipótese do Universo Matemático (ou MUH, na sigla em inglês). De acordo com essa teoria, nossa realidade física não apenas pode ser descrita pela matemática, como ela *é* matemática pura e (talvez não tanto) simples. Por exemplo, quando calculamos $2 + 2 = 4$, Tegmark afirma que estamos relacionando correspondências maiores do que uma mera continha. Ou seja, não estamos inventando valores. Estamos percebendo relações que já existem ao nosso redor (duas laranjas somadas a outras duas laranjas são um conjunto de quatro frutas) e traduzindo-as em uma forma fácil de ser compreendida.

Isso lembra muito o início da "história da matemática", discutida lá no começo do livro, em que estabelecemos que a relação matemática já existia e os humanos simplesmente acharam uma maneira de traduzi-la para entender melhor o universo ao seu redor. Mas a MUH vai além. Enquanto Johannes Kepler (o cara que não curtia tomar banho, lembra dele?) defendia que o Universo era inteiro feito de sólidos platônicos, que se comportavam de forma mecânica, segundo a hipótese de Tegmark nós vivemos dentro de um objeto matemático gigante muito mais complexo do que as nossas mentes humanas compreendem no momento.

Para alcançar tal feito, ele usa uma outra hipótese chamada Hipótese da Realidade Externa (ou ERH na sigla em inglês). Essa teoria defende existir um universo por aí que nós, humanos, não conseguimos alcançar ou compreender por sermos limitados fisicamente. Uma prova disso seria que a física consegue descrever apenas causalidades muito insignificantes perto do todo do Universo (embora não pareça assim quando você está estudando para uma prova) e que, ainda hoje, busca-se uma teoria que englobe todas as relações, que consiga prever movimentos mecânicos e quânticos, a chamada Teoria de Tudo.

Max também lembra que a física é compreensível apenas para humanos. Ok, pode parecer ambicioso tentar ensinar seu cãozinho a fazer contas de aceleração e energia potencial (apesar de sabermos que ele é um gênio nato da matemática), mas Tegmark defende que apenas criando fórmulas e códigos que outras entidades sencientes possam compreender estaremos mais perto de uma teoria verdadeira, não limitada pela nossa humanidade. Ou seja, o dia em que encontrarmos *aliens* ou desenvolvermos uma inteligência artificial avançadíssima, poderemos ter uma melhor noção do que é real e do que é o conhecimento conveniente gerado por nossos limitados cérebros para garantir nossa sobrevivência.

O cosmólogo oferece outro exemplo em seu artigo: a árvore Yggdrasil da mitologia nórdica antiga. Algumas centenas de anos atrás, acreditava-se que o Universo era essa grande árvore de nove andares, cada um com um reino de seres distintos. Midgard era onde os humanos viviam, Asgard era o reino dos deuses e por aí vai. Se um *alien* chegasse por aqui e pedisse para um *viking* (isso está soando como uma piada do tipo "um *alien* e um *viking* entram em um bar", mas eu prometo que a lógica fará sentido em um instante) explicar como o Universo funciona, o *viking* talvez citasse essa árvore frondosa, cheia de galhos e raízes. Mas e se no mundo do *alien* não houvesse árvores? Como o humano e o alienígena compreenderiam algo que eles compartilham: o Universo?

Seria possível explicar algo que não fosse impregnado da nossa humanidade? Usando referências apenas abstratas? Como explicar o que é o azul para alguém que não enxerga essa cor? Como falar sobre o cheiro do alho refogado antes do almoço para uma entidade sem olfato? Existe uma maneira de descrever relações de forma tão descolada de nós mesmos?

Segundo Tegmark, existe: estruturas matemáticas. E aqui não falamos de nossas notações. Esqueça todos os símbolos que usamos para descrever o que vemos ao nosso redor. Max define essas estruturas como entidades abstratas com relações entre elas. Integrais e números reais seriam exemplos.

Ou seja, se fizermos um exercício à moda de Descartes e acreditarmos que tudo o que percebemos é contaminado não pelas percepções de um gênio maldoso que só quer nos sacanear, mas pelas nossas próprias limitações humanas, ou seja, se tirarmos tudo o que nossos sentidos explicam para nós sobre o mundo, o que sobra? Não temos visão para explicar que o céu é azul, olfato para sentir o cheiro do alho frito, tato para tocar a superfície da água. O que sobra? Possivelmente, além de nossa própria consciência, relações matemáticas que podem ser compreendidas por ela. Talvez não duas laranjas somadas a outras duas laranjas, mas um conjunto de átomos organizados de determinada forma que aumenta nossa percepção quando unido a outro conjunto de átomos similares.

Não existe melhor maneira de concluir este livro do que afirmar que a matemática é tão abstrata que, precisamente por isso, pode ser o tecido formador do Universo. Ao adotá-la, a matemática é tão maravilhosamente humana que você pode ser feito dela, assim como os gênios irritadinhos e malucos que conhecemos em todos estes capítulos. Você é um punhado de átomos que é produto de uma multiplicação seguida de várias divisões celulares, afinal. O resultado de uma equação que, talvez, ainda não foi completamente compreendida, mas que faz todo e completo sentido na ordem do Universo.

♠ AGRADECIMENTOS ♠

Espero que a piada que meu avô contou e que eu compartilhei no início da nossa jornada (aquela sobre o livro de matemática que pulou do prédio por estar cheio de problemas) não tenha se tornado uma profecia e estas páginas não tenham voado pela janela em um momento de confusão extrema.

Certamente, elas estiveram próximas de tal destino enquanto ainda eram parte de um rascunho desconexo e confuso. E algumas pessoas foram essenciais para que eu não encenasse o ato de Galileu na torre de Pisa de uma forma menos glamourosa, munida de minhas notas sobre Pitágoras e Newton.

Agradeço a meu pai, responsável por prover um lar repleto de livros, engenhocas e traquitanas que aguçaram minha mente. A minha mãe, pelo apoio incondicional e por sempre cutucar a minha criatividade. A meu irmão, por ser o exemplo perfeito de conjunto de branas e por sempre se oferecer para jogar *videogame* comigo quando eu precisava. Ao Matheus, pelo companheirismo extremo, pela compreensão e pelas marmitas. Aos meus amigos, que tentaram ao máximo não me xingar pelos sumiços e pelas divagações filosóficas. E, claro, ao meu avô, pela excelente piada. Que ela vibre para sempre.

♠ REFERÊNCIAS BIBLIOGRÁFICAS ♠

ALMEIDA, Manoel Campos de. *Origens da matemática.* Curitiba: Champagnat, 1998.

ARNOLD, Nick. *Forças fatais.* São Paulo: Melhoramentos, 2002.

BENJAMIN, Arthur. *The Magic of Math.* New York: Basic Books, 2015.

BENTLEY, Peter J. *The Invention of Numbers.* London: Cassell, 2016.

BOYER, Carl Benjamin. *História da matemática.* São Paulo: Blucher, 1974.

BROWN, Nancy Marie. *The Abacus and the Cross: The Story of the Pope Who Brought the Light of Science to the Dark Ages.* New York: Basic Books, 2012.

BRYSON, Bill. *Breve história de quase tudo.* São Paulo: Companhia das Letras, 2015.

CHRISTIAN, Brian; GRIFFITHS, Tom. *Algoritmos para viver.* São Paulo: Companhia das Letras, 2016.

CLEGG, Brian. *Are Numbers Real?* New York: St. Martin's Press, 2016.

CRILLY, Tony. *50 ideias de matemática que você precisa conhecer.* São Paulo: Planeta, 2017.

DEARY, Terry. *Grandes gregos.* São Paulo: Melhoramentos, 2002.

DEVLIN, Keith. *O instinto matemático.* Rio de Janeiro: Record, 2009.

_____. *The Unfinished Game: Pascal, Fermat, and the Seventeenth-century Letter that Made the World Modern.* New York: Basic Books, 2016.

GARBI, Gilberto G. *A rainha das ciências: um passeio histórico pelo maravilhoso mundo da matemática.* São Paulo: Livraria da Física, 2006.

GLEISER, Marcelo. *A dança do Universo.* São Paulo: Companhia das Letras, 2006.

GLENDINNING, Paul. *Math in Minutes.* London: Quercus, 2013.

GOLDSMITH, Mike. *Albert Einstein e seu universo inflável.* São Paulo: Companhia das Letras, 2003.

HARARI, Yuval Noah. *Sapiens: A Brief History of Humankind.* New York: HarperCollins, 2011.

MLODINOW, Leonard. *A janela de Euclides.* São Paulo: Geração Editorial, 2001.

OSSERMAN, Robert. *A magia dos números no Universo.* São Paulo: Mercuryo, 1997.

PICKOVER, Clifford A. *The Math Book.* New York: Sterling, 2009.

POSKITT, Kjartan. *Isaac Newton e sua maçã.* São Paulo: Companhia das Letras, 2001.

ROONEY, Anne. *A história da matemática.* São Paulo: M. Books, 2008.

ROQUE, Tatiana. *História da matemática: uma visão crítica desfazendo mitos e lendas.* São Paulo: Zahar, 2012.

RUDMAN, Peter S. *How Mathematics Happened: The First 50,000 Years.* Armhest: Prometheus Books, 2007.

STEWART, Ian. *Almanaque das curiosidades matemáticas*. São Paulo: Zahar, 2008.
_____. *Em busca do infinito*. São Paulo: Zahar, 2008.
_____. *O fantástico mundo dos números*. São Paulo: Zahar, 2016.
_____. *17 equações que mudaram o mundo*. São Paulo: Zahar, 2012.
WEINBERG, Steven. *Para explicar o mundo*. São Paulo: Companhia das Letras, 2015.

Leia também os outros títulos da coleção *História bizarra*:

Adolf Hitler era um tirano com mania de grandeza, Winston Churchill era um grande estrategista, Franklin D. Roosevelt era um presidente bastante popular. Disso, todos sabem. Mas talvez você não tenha ouvido falar que Hitler adorava tanto o filme "E o vento levou" que até tentou copiá-lo. Ou que Churchill, em pleno racionamento de comida, comeu de uma só vez uma porção de carne que deveria durar uma semana. Ou ainda que o filho de Roosevelt chegou a tirar soldados americanos de um avião de guerra para transportar seu cachorro em segurança.

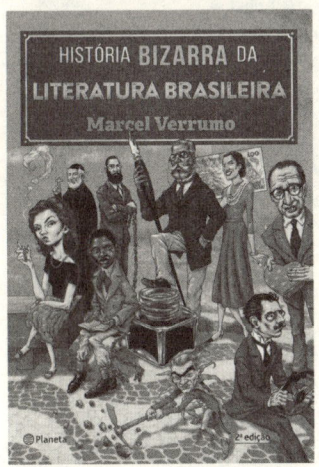

A partir de um olhar curioso e engraçado, *História bizarra da literatura* brasileira é um mergulho nos mistérios, nas tragédias, nos fatos emocionantes, divertidos e, claro, nas bizarrices envolvendo nossos livros clássicos e seus autores. A partir de uma vasta pesquisa, o autor mostra todos os grandes nomes da nossa literatura, porém com um olhar que os tira do pedestal de "pensadores intocáveis" e apresenta o seu lado mais humano, comum e, claro, bizarro. Prepara-se, pois os personagens da capa deste livro são apenas algumas das muitas bizarrices escondidas por trás das linhas de nossa literatura.

Ao revelar casos absurdos, misteriosos e até engraçados da psicologia e seus pensadores, *História bizarra da psicologia* apresenta ao leitor tudo o que de mais improvável vem sendo feito desde que a humanidade começou a buscar explicações para o funcionamento da mente, provando que o legado dessa ciência vai muito além dos estudos realizados por Freud e seus sucessores e está repleto de bizarrices.

**Acreditamos
nos livros**

Este livro foi composto em Adobe Garamond Pro e
impresso pela Gráfica Santa Marta para
a Editora Planeta do Brasil em janeiro de 2020.